石油化工设备技术问答丛书

泵操作与维修技术问答

（第二版）

黄希贤　曹占友　编

中国石化出版社

内容提要

本书围绕泵的操作与维修技术，总结出了近300个问题，涉及泵的种类、工作原理、结构、主要参数、材料选择、操作、故障及处理、维修等等，针对每个问题进行了详尽的解答。

本书可供现场技术人员、工人及管理干部阅读，特别适合于用作培训教材。

图书在版编目(CIP)数据

泵操作与维修技术问答/黄希贤，曹占友编．—2版．
—北京：中国石化出版社，2001.1(2025.5重印)
ISBN 978-7-80164-045-1

Ⅰ．泵…　Ⅱ．①黄…②曹…　Ⅲ．①泵-使用-问答
②泵-维修-问答　Ⅳ．TH3-44

中国版本图书馆CIP数据核字(2000)第84544号

中国石化出版社出版发行

地址：北京市东城区安定门外大街58号
邮编：100011　电话：(010)57512500
发行部电话：(010)57512575
http://www.sinopec-press.com
E-mail:press@sinopec.com
北京艾普海德印刷有限公司印刷
全国各地新华书店经销

*

787×1092毫米32开本4.5印张99千字
2025年5月第2版第16次印刷
定价：15.00元

序

设备是企业进行生产的物质技术基础。现代化的石油化工企业，生产连续性强、自动化水平高，且具有高温、高压、易燃、易爆、易腐蚀、易中毒的特点。设备一旦发生问题，会带来一系列严重的后果，往往会导致装置停产、环境污染、火灾爆炸、人身伤亡等重大事故的发生。因而石油化工厂的设备更体现了设备是企业进行生产、发展的重要物质基础。“基础不牢、地动山摇”。设备状况的好坏，直接影响着石油化工企业生产装置的安全、稳定、长周期运行，从而也影响着企业的经济效益。

为了确保石油化工厂设备经常处于良好的状况，就必须强化设备管理，广泛应用先进技术，不断提高检修质量，搞好设备的操作和维护，及时消除设备隐患，排除故障，提高设备的可靠度，从而确保生产装置的安全、稳定、长周期运行。

为了加强企业“三基”工作，适应广大石油化工设备管理、操作及维护检修人员了解设备，熟悉设备，懂得设备的结构、性能、作用及可能发生的故障和预防措施，以提高消除隐患，排除故障，搞好操作和日常维护能力的需要，中国石化出版社针对石油化工厂常见的各类设备，诸如，各类泵、压缩机、风机及驱动机、各类工业炉、塔、反应器、压力容器，各类储罐、换热设备，以及各类工业管线、阀门管件等等，组织长期工作在石油化工企业基层，有一定设备理论知识和实践经验的专家和专业技术人员，以设备技术问答的形式，编写了一系列“石油化工设备技术问答丛书”，供大家学习和阅读，希望对广大读者有所帮助。本书即为这套丛书之一。

中国石化设备管理协会副会长　胡安定

目　录

第一章　泵的分类

第二章 离心泵

第三章　往复泵

第四章 真 空 泵

第一章　泵的分类

在一般情况下，液体只能从高处自动流向低处，从高压设备内自动流向低压设备内。如果把低处的液体送往高处，把低压设备内的液体送往高压设备内，就必须给这些液体提供一定的能量才能达到此目的。我们通常把能给液体提供能量的设备叫泵。

第一节　叶片式泵

1. 什么叫叶片式泵？

叶片式泵是指通过泵轴旋转时带动各种叶片旋转的泵。如离心泵、混流泵、轴流泵、旋涡泵等。

2. 什么叫离心泵？

安装径流式叶轮的泵叫离心泵。图 1－1－1 为离心泵的叶轮。

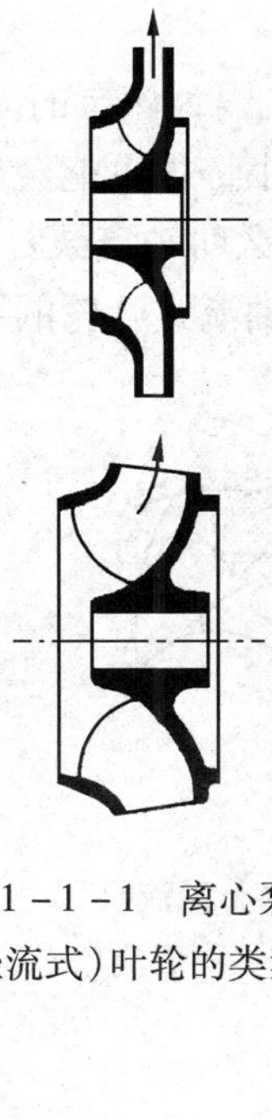

图 1－1－1　离心泵（径流式）叶轮的类型

3. 什么叫混流泵？

安装混流式叶轮的泵叫混流泵。图 1－1－2 为混流泵的叶轮。

此泵的叶轮安装的流道的转弯处，液体可由叶轮倾斜流出，叶片数少，流道宽阔。

4. 混流泵有什么特点?

（1）当流量小于设计流量时，容易在泵体内形成旋涡，如图1－1－3。

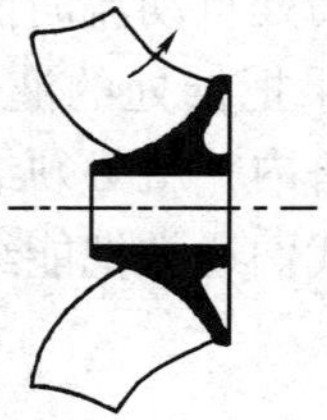

图1－1－2　混流泵(混流式)叶轮的类型

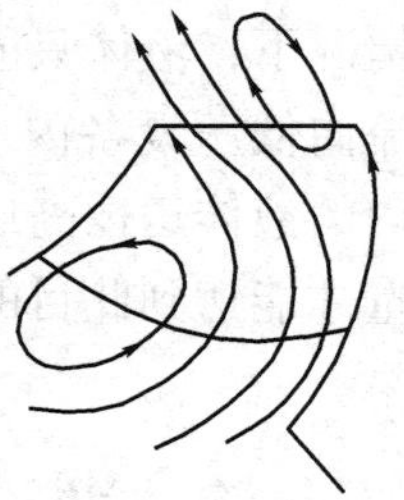

图1－1－3　混流泵叶轮内的旋涡

（2）因为该泵的流道宽，比较容易形成轴向旋涡，如果流量很小，很可能会出现二次回流，如图1－1－4。

5. 什么叫轴流泵?

安装轴流式叶轮的泵叫轴流泵，图1－1－5为轴流泵的叶轮。

图1－1－4　混流泵叶轮内的二次回流

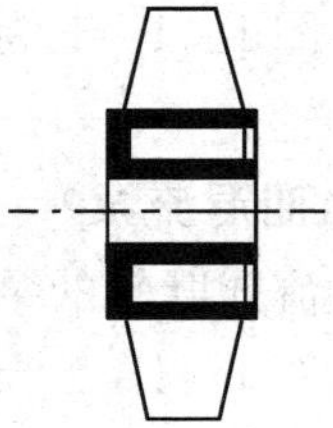

图1－1－5　轴流泵(轴流式)叶轮的类型

6. 轴流泵的构造如何?

轴流泵的一般构造如图1－1－6。这种泵的构造简单，紧凑，重量轻，流量大，效率高，但扬程低，可以输送比较脏污的液体。

7. 旋涡泵有什么特点?

旋涡泵的特点是扬程高，但流量小，适宜输送粘度比较低的液体和易挥发的液体。它的吸入口、压出口都在叶轮的外周。如图1－1－7。

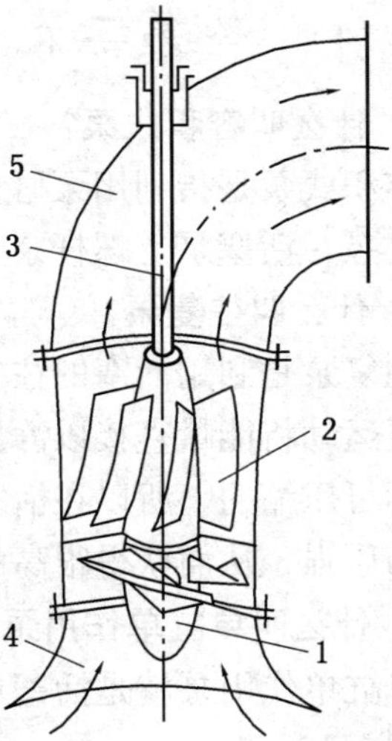

图1－1－6　轴流泵的构造

1—叶轮；2—导叶；3—轴；4—进水喇叭管；5—出水弯管

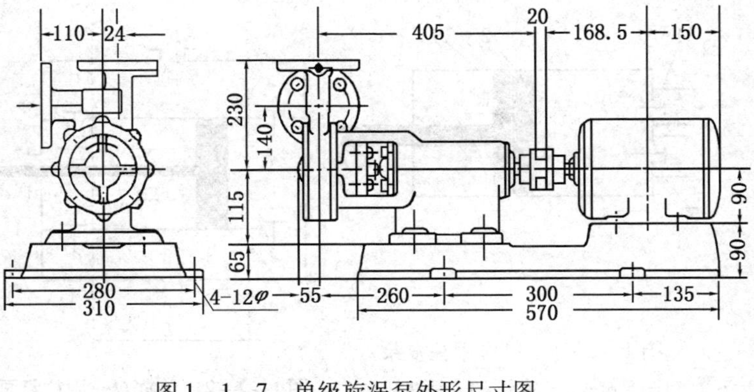

图1－1－7　单级旋涡泵外形尺寸图

第二节　容积式泵

1. 什么叫容积式泵?

容积式泵是指利用泵缸内容积的变化来输送液体的泵。如往复泵，活塞泵、螺杆泵、齿轮泵等。

2. 什么叫往复泵?

往复泵是利用活塞的往复运动来输送液体的泵。靠活塞的往复运动将能量直接以静压能的形式传送给液体。由于液体是不可压缩的，所以在活塞压送液体时，可以使液体承受很高的压强，从而获得很高的扬程。

3. 什么叫单缸单作用泵?

单缸单作用泵就是活塞单方面运动时作功。它的工作原理如图 1-2-1。

4. 什么叫单缸双作用泵?

单缸双作用泵就是活塞运动时，前进、后退同时作功。如图 1-2-2。

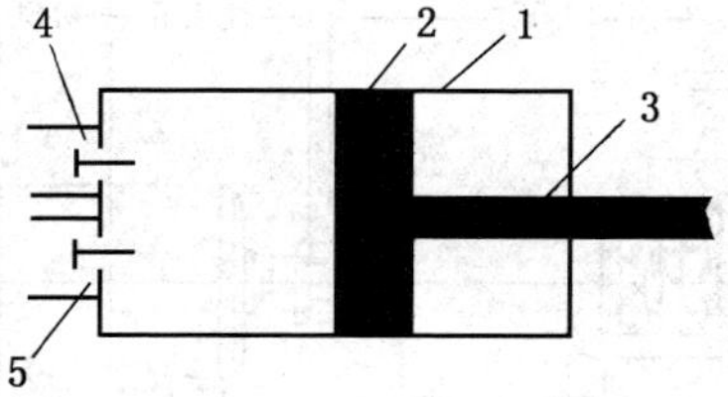

图 1-2-1　单作用往复泵

1—泵缸；2—活塞；3—活塞杆；4—排出阀；5—吸入阀

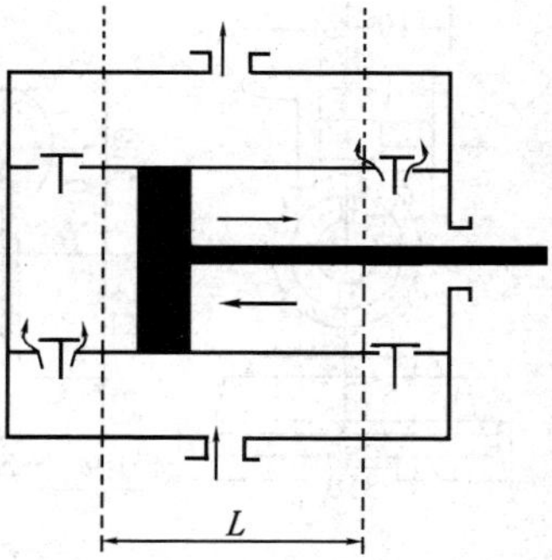

图 1-2-2　单缸双作用往复泵

5. 什么叫电动往复泵?

以电动机为原动力，经过减速机或皮带再与泵连接，此种泵叫电动往复泵。

6. 什么叫蒸汽往复泵?

以蒸汽为原动力，利用蒸汽直接作用于汽缸，在错汽阀的帮助下，由于汽缸活塞的往复运动，带动油缸活塞的往复运动，此种泵叫蒸汽往复泵。

7. 什么叫双缸双作用泵?

双缸双作用泵就是两个单缸单作用泵的组合体。由于油缸活塞的往复运动同时作功，所以排量大，工作效率比较高，能量利用比较好。

8. 什么叫活塞泵?

活塞泵是指利用活塞的上、下运动来输送液体的泵。它有两个逆止阀。如果吸入液体时，活塞向上，泵体内形成负压，这时出水侧的逆止阀在自重和压差的作用下自动关闭，进水侧的逆止阀打开，液体进入泵体内。当液体受到挤压后活塞向下降落，因为泵内压力升高，迫使进水逆止阀关闭，出水逆止阀打开，液体就这样被排出管路。如图1－2－3。

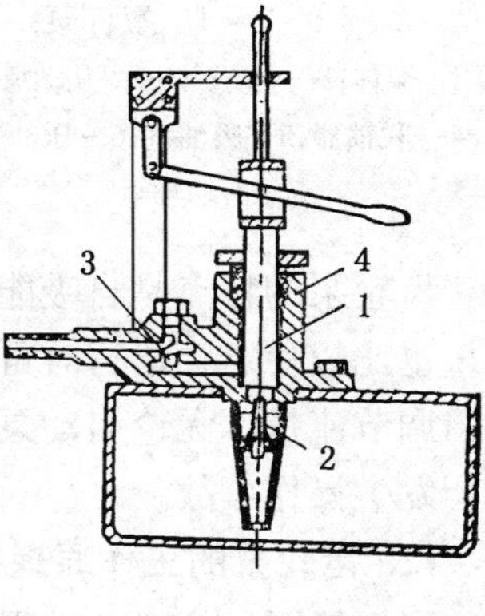

图1－2－3　活塞泵

1—活塞；2—进水逆止阀；3—出水逆止阀；4—泵体

9. 活塞泵有什么用处?

因为此种泵的工作是不连续的。电动的活塞泵，压力可以打到很高，所以一般作为试验压力用泵。

10. 什么叫螺杆泵？它有什么特点？

螺杆泵是几个螺杆啮合在一起组成的泵。如图 1 –2 –4。

螺杆泵的特点是自吸能力比较好，效率比较高，在正常工作时声音比较小，较为坚固耐用。

11. 什么叫齿轮泵？它有什么特点？

齿轮泵是由两个齿轮啮合在一起组成的泵。如图 1 –2 –5。

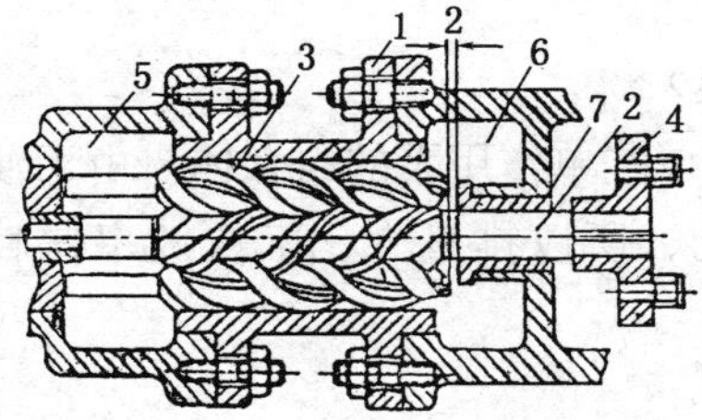

图 1 –2 –4 螺杆泵

1—泵体;2—主动螺杆;3—从动螺杆;
4—联轴器;5—吸油室;6—压油室;
7—滑动轴承

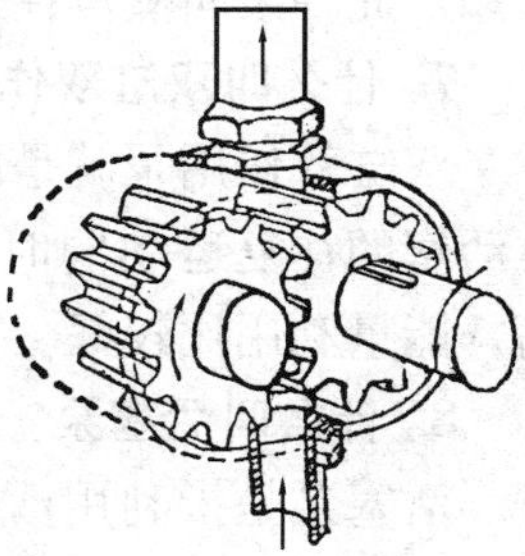

图 1 –2 –5 齿轮泵

齿轮泵的特点是自吸能力比较好，构造也很简单，出口流量也比较稳定，运行时可靠。这种泵在工作时只能用入口阀门调节流量，无论启动泵或停定泵时，出口阀门全开，否则会发生操作事故。

12. 齿轮泵的工作原理是什么？

当齿轮泵运行时，被吸进来的液体充满齿坑，这时液体随着齿轮向外沿壳壁被输送到高压空间，因为两个齿轮相互啮合，所以把齿坑内的液体挤出去，排到出口管路内。此时封闭空间逐渐增大，形成了负压区，入口液体在大气压力或入口管道液体压力的作用下被迫流入泵的吸入口。

第三节 各种类型泵的特点

1. 叶片式泵(离心泵、旋涡泵)和容积式泵(往复泵)有什么不同?

这两种泵在作用原理、性能、操作与调节、结构特点等均有差别。把它们的差别整理成表1-3-1。

表1-3-1

类型		叶片式		容积式
		离心泵	旋涡泵	往复泵
主要构件		叶轮与泵体	叶轮与泵体	活(柱)塞与泵缸
作用原理		叶轮旋转产生离心力,使液体能量增加,泵体中蜗壳(导轮)扩散管使部分速度能转变为压力	叶轮旋转产生离心力,使液体形成径向旋涡,同时叶片间又形成纵向旋涡,使液体在泵内多次反复增能	活(柱)塞作往复运动,使泵缸内工作容积多次间歇变化,泵阀控制液体单向吸入和排出,形成工作循环,使液体能量增加
性能	1	流量大而均匀,且随扬程变化	流量小而均匀,且随扬程变化	流量小而不均匀(脉动),几乎不随扬程变化
	2	扬程大小决定于叶轮外径和转速	与离心泵相同	扬程大,且决定于泵本身动力、强度和密封
	3	扬程和轴功率与流量存在对应关系,扬程随流量增加而降低,轴功率随流量增加而增加	扬程和轴功率与流量存在对应的关系,扬程随流量增加而降低,轴功率也随流量增加而降低	扬程和流量几乎无关,只是流量随扬程增加而漏损使流量降低,轴功率随扬程和流量而变化
	4	吸入高度较小,易产生汽蚀现象	吸入高度较小,拜式泵有自吸能力	吸入高度大,不易产生抽空现象,有自吸能力

续表

类型		叶片式		容积式
		离心泵	旋涡泵	往复泵
性能	5	在低流量下效率较低,但在设计点效率较高,大型泵效率较高	在低流量下效率较离心泵高,但比容积式泵效率低	效率较高,在不同扬程和流量下工作效率仍能保持较高值
	6	转速高	转速较高	转速低
操作与调节		启动前必须灌泵,关死出口阀,用出口阀或改变转速调节流量,但不宜在低流量下工作	启动时必须打开出口阀,不用出口阀调节流量,采用旁路调节	启动必须打开出口阀,不用出口阀调节流量,采用旁路阀调节,或改变转数、活(柱)塞行程调节
结构特点		结构简单、紧凑,易于安装和检修,占地面积小,基础小,可与电机直接相连	与离心泵相同	结构复杂,易损件多,易出故障,维修麻烦,占地面积大,基础大
适用范围		流量大,扬程低,液体粘度小,并适于输送悬浮液和不干净液体	流量小,扬程低,液体粘度小,不宜用于输送不干净液体	流量小,扬程高,液体粘度大,不宜用于输送不干净液体

第二章　离心泵

炼油厂中使用最多的泵是离心泵。它是由原动机(电动机或汽轮机)通过轴带动叶轮高速旋转(一般为1450r/min或2900r/min),使液体获得能量而完成输送任务的机械设备。

第一节　离心泵的分类、型号、工作原理及主要参数

1. 什么叫立式离心泵?

立式离心泵的泵轴是直立安装的。这种泵的结构紧凑,占地面积小,转速高,体积小。吸入口、排出口都是横向设置的。

2. 什么叫卧式离心泵?

卧式离心泵的泵轴是水平安装的。它的支撑脚落在基础上,泵轴通过联轴节与电动机或减速机连接,这样维护、检修都在地面上工作,所以比较方便。

3. 什么叫单级离心泵?

安装一个叶轮的离心泵叫单级离心泵。单级离心泵的泵体一般为蜗壳形。因为液体向外流动时,流道的横断面逐渐扩大,所以流速减小,将部分动能转化为静压能,起到能量转换的作用。单级离心泵的叶轮如图2-1-1。

4. 什么叫多级离心泵?

在泵轴上装两个或两个以上叶轮的离心泵叫多级离心

泵。多级离心泵的叶轮如图 2－1－2。

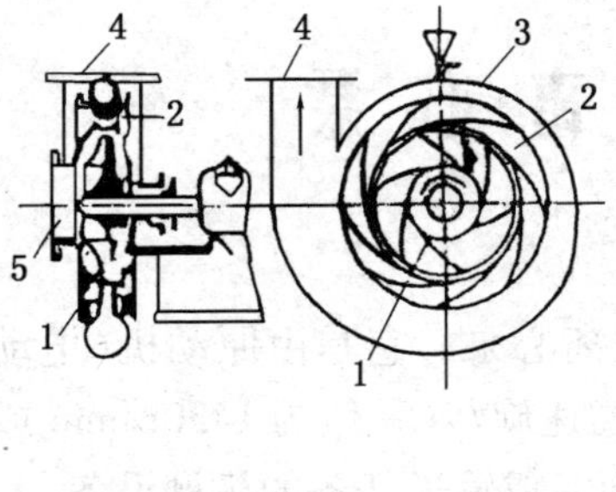

图 2－1－1　单级泵叶轮示意图
1—叶轮;2—导流器;3—泵壳;
4—出口;5—进口

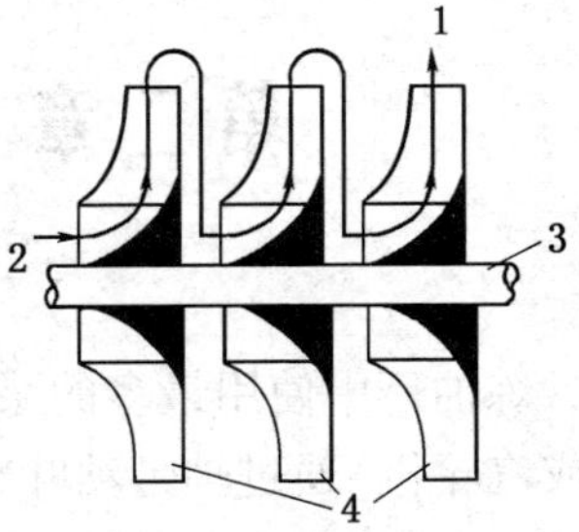

图 2－1－2　多级泵叶轮示意图
1—出液；2—进液；
3—泵轴；4—叶轮

多级离心泵总的扬程比较高，为每级叶轮的扬程之和。

5. 什么叫双吸泵？

液体从叶轮两侧进入泵体的泵叫双吸泵。液体加给双吸泵的轴向推力小。生产能力大的泵多为双吸泵。

6. 什么叫低压、中压、高压离心泵？

工作压力在 1MPa 以下的离心泵叫低压离心泵。如炼厂的排水泵、装车泵、倒罐用的冷油泵等。

工作压力在 1～6MPa 之间的离心泵叫中压离心泵。如冷油泵和热油泵等。

工作压力在 6MPa 以上的离心泵叫高压离心泵。如锅炉给水泵、油田注水泵等。

7. 离心泵的型号有什么意义？

离心泵有水泵、油泵、耐腐蚀泵等。油泵系列代号用字母“Y”表示，有单级、多级、单吸、双吸等。

离心泵的型号意义如下：

例 1　100Y　Ⅰ—60A

- A——叶轮直径第一次切削
- 60——泵设计点单级扬程(m)
- Ⅰ——所用材料代号
- Y——输送油品的离心泵
- 100——泵吸入口直径(mm)

例 2　250YS　Ⅱ—150×2

- 2——叶轮级数
- 150——设计点单级扬程(m)
- Ⅱ——泵所用材料代号
- S——双吸式叶轮(该单元若为 D 表示单吸多级分段式叶轮)
- Y——输送油品离心泵
- 250——泵吸入口直径(mm)

例 3　50Y　Ⅰ—60A

- A——叶轮第一次切削
- 60——单级扬程 60m
- Ⅰ——泵所用材料代号
- Y——单级离心油泵
- 50——吸入口直径(mm)

例4　250Ys　Ⅱ—150×3——叶轮级数

- 3——叶轮级数
- 150——单级扬程150m，总扬程450m
- Ⅱ——泵所用材料代号
- Ys——双吸离心热油泵
- 250——泵入口直径（mm）

8. 离心泵用Ⅰ、Ⅱ、Ⅲ类材料是什么意思？

Ⅰ类材料为不耐腐蚀的球墨铸铁。泵的使用温度不大于250℃，使用压力不大于3MPa。

Ⅱ类材料为不耐腐蚀的碳钢。泵的使用温度不大于250℃，使用压力不大于3～5MPa。

Ⅲ类材料为耐酸性腐蚀的不锈钢。泵使用温度不大于250℃，使用压力不大于5MPa。若使用温度大于400℃时，可用合金钢。

9. 离心泵的工作原理是什么？

离心泵在启动前，先向泵体内充满被输送的液体，叶轮在泵轴的带动下转动时产生离心力，液体由叶轮中心被甩到叶轮以外，这时叶轮中心产生负压，液体从泵的吸入口流向叶轮中心，泵轴不停地旋转，叶轮不停地吸入和排出液体。

10. 离心泵有什么优点？

离心泵可与电动机直接相连，转速高，一般为1450r/min或2900r/min，运行平稳，流量均匀，压力波动不大，构造简单，操作方便，效率比较高等。

11. 什么叫离心泵的流量？

离心泵在单位时间内能排出液体的数量叫该泵的流量。

12. 什么叫体积流量?

在单位时间内，流体流过管路某一截面积的流体体积数量叫体积流量。

$$V_s = \frac{V}{t} m^3/s\ (m^3/h) \qquad (2-1-1)$$

式中 V——流体的体积，m^3；

t——时间，s（h）。

13. 什么叫质量流量?

在单位时间内，流体流过管路某一截面积的流体质量叫质量流量。

$$G_s = \frac{G}{t} \quad kg/s \qquad (2-1-2)$$

式中 G——流体的质量，kg；

t——时间，s。

14. 质量流量和体积流量有什么关系?

质量等于体积乘它的密度，即 $G = V \times \rho$，所以质量流量等于体积流量乘它的密度，即

$$G_s = \frac{V \times \rho}{t} \qquad (2-1-3)$$

式中 ρ——液体的密度，kg/m^3。

15. 什么叫离心泵的扬程?

单位质量的液体通过离心泵后能被提升的高度叫扬程或泵的压头。也可以说液体进泵前和出泵后的总压头差叫泵的扬程，用 H 表示，单位为 m 水柱。

16. 泵的扬程和哪些因素有关?

泵的扬程与泵的结构、转速和流量等有关；与泵的吸入口和排出口的距离有关；吸入口真空度大小，排出口的压力高低有关；也和吸入口、排出口的速度有关。

17. 计算泵扬程的公式是什么？

计算泵扬程的公式为：

$$H=\frac{p_{表}+p_{真}}{\rho}+\frac{W_2^2-W_1^2}{2g}+h\ （m 水柱） \quad (2-1-4)$$

式中 $p_{表}$——泵出口压力，MPa；

$p_{真}$——泵吸入口的真空度，MPa；

（1mmHg = 0.000133MPa）；

W_2——泵出口流速，m/s；

W_1——泵入口流速，m/s；

h——泵出、入口位差，m；

ρ——液体密度，kg/m³；

g——重力加速度，m/s²。

18. 泵的扬程高低是如何决定的？

泵的扬程高低是由设计决定的。它与泵的叶轮直径大小有关；与叶轮数目和转速快慢有关；也与流量大小的变化有关。

例：某水泵的排量为 20m³/h，出口压力为 0.35MPa，入口真空表读数为 0.033MPa，出、入口高度差为 1m，出、入口的管径相同，求该泵的扬程？

解：因为出、入口的管径相同，所以

$$W_1=W_2$$

$$\rho=1000\text{kg/m}^3$$

代入公式

$$H=\frac{p_{表}+p_{真}}{\rho}+\frac{W_2^2-W_1^2}{2g}+h$$

$$=\frac{(0.35+0.033)\times10^5}{10^3}+1$$

$$=39.3\text{m}$$

此泵扬程为39.3m

19. 什么叫离心泵的转速？

离心泵的转速是指泵轴在单位时间内旋转的次数。用 n 表示，单位 r/min。一般小泵高些 2900r/min 或 1450r/min，大泵低些 970r/min 或 730r/min。在转速一定的情况下，流量、扬程、功率为一定值。

20. 什么叫离心泵的功率？

在单位时间内，离心泵所能作功的大小，用 N 表示，单位：kW。

21. 什么叫功和功率？

把 1kg 的物体提高 1m，我们说对这个物体所做的功为 1N · m。

单位时间内所做的功叫功率，用 N · m/s 表示。在工程上因单位太小，常用 kW 表示。

$$1\text{kW} = 1000\text{N} \cdot \text{m/s}$$

22. 什么叫有效功率？

除去机械本身的能量损失和消耗外，由于泵的运转而使液体实际获得的功率叫有效功率，用 $N_{有}$ 表示。它为质量流量和扬程的乘积。

$$N_{有} = \rho QgH$$

$$\text{W} = \frac{\rho QgH}{1000}\text{kW} \qquad (2-1-5)$$

式中 Q——液体的体积流量，m^3/s；

H——泵的扬程，m；

ρ——该液体的密度，kg/m^3。

从上式可看出，泵的有效功率和所输送液体密度有关，液体的密度越大，输送时泵的有效功率越高。

23. 什么叫轴功率？

轴功率是指原动机械传给泵轴的功率，用 $N_{轴}$ 表示。

因为液体在泵内流动时，泵体会对液体产生各种阻力，所以轴功率大于有效功率，二者相差一个效率。

$$N_{轴} = \frac{\rho QgH}{1000\eta}\text{kW} \quad (2-1-6)$$

式中　η——效率，%；

　　其余同前。

24. 什么叫离心泵的效率？

离心泵在运转时，各机部件之间，部件与液体之间都会发生摩擦、冲击和漏损等，会损失部分能量，也就是说泵的轴功率不会全部传给液体，即不可能全部转变为有用功率，有用功率与轴功率之比叫该泵的效率，用 η 表示，单位%。

$$\eta = \frac{N_{有}}{N_{轴}} \times 100\% \quad (2-1-7)$$

式中　η——效率，%。

25. 什么叫配套系数？

离心泵的效率一般为 60% ~80% 之间。为了安全，泵在安装时，它的轴功率比计算出来的轴功率要大些，即轴功率乘上一个大于 1 的系数，此系数叫配套系数，用 K 表示。

$$N_{配} = K \cdot N_{轴} \quad (2-1-8)$$

式中　K——配套系数。

配套系数 K 可从表 2-1-1 中查得。

例：某水泵的生产能力为 $8\text{m}^3/\text{h}$，扬程 50m，此泵效率为 70%，求该泵的轴功率和有效功率？

解：
$$N_{轴} = \frac{\rho QgH}{1000\eta}$$

表 2-1-1　配套系数

泵轴功率/kW	<5	5~10	10~50	50~100	>100
电动机/kW	2~1.3	1.3~1.15	1.15~1.10	1.08~1.05	1.05
内燃机/kW		1.5~1.3	1.3~1.2	1.2~1.15	1.15

$$= \frac{1000 \times 8 \times 9.8 \times 50}{1000 \times 0.7 \times 3600}$$

$$= 1.56\text{kW}$$

$$N_{有} = N \cdot \eta$$

$$= 1.56 \times 0.7$$

$$= 1.10\text{kW}$$

该泵的轴功率为 1.56kW，有效功率为 1.10kW。

26. 在一般情况下，离心泵的效率为多少？

在泵的流量 Q 和扬程 H 为一定值时，如果泵的效率高些，则所消耗的功率就会小些，这样可以节省动力。一般小型离心泵的效率为 60%~80%，大型离心泵可达 90% 左右。

例：某台水泵的流量为 20L/s，扬程 50m，轴功率 40kW，求这台泵的效率？

解：

$$N_{有} = \frac{\rho QgH}{1000}$$

$$= \frac{1000 \times 20 \times 10^{-3} \times 9.8 \times 50}{1000}$$

$$= 9.8\text{kW}$$

$$\eta = \frac{N_{有}}{N_{轴}} \times 100\%$$

$$= \frac{9.8}{40} \times 100\%$$

$$= 24.5\%$$

此泵效率为 24.5%。

例：上题中泵的效率太低，若把效率从 24.5% 提高到 70%，问此时泵的轴功率应为多少？

解：
$$\eta = \frac{N_{有}}{N_{轴}}$$

$$N_{轴} = \frac{N_{有}}{\eta} = \frac{9.8}{0.7} = 14\text{kW}$$

此时泵的轴功率应为 14kW。

27. 离心泵的内功率有哪些损失？

当泵输送的液体在泵内流动时，通常要产生水力损失、容积损失和机械损失三种。

28. 什么叫离心泵的水力损失？

液体在泵内流动时，因为流道的光滑程度不同，则阻力大小也不相同；另外当流体进入叶轮和从叶轮出来时会产生碰撞和旋涡，也会产生能量损失。这两部分损失统称为水力损失。

29. 什么叫离心泵的容积损失？

因为泵体是静止的，当叶轮在泵体内转动时，由于间隙的存在，这样叶轮出口处的高压液体有一小部分会自动的流回叶轮进口；也可能有一部分液体会从平衡管流回到叶轮入口；或从密封处漏损，这些损失统称为容积损失。

30. 什么叫离心泵的机械损失？

因为泵在运转时要和轴承、填料等发生摩擦，叶轮在泵体内运转，它的前、后盖板也要和液体发生摩擦，这些摩擦所造成的能量损失统称为机械损失。

31. 如何提高泵的使用效率？

为了减少泵的水力损失、容积损失和机械损失，泵在运行时应尽可能在使用范围内工作。由于磨损，间隙增大，会使漏损增加，降低泵效率，所以应对泵作到有问题及时维修，保持良好的润滑状态，填料压盖和其它的紧固件的松紧要适当，降低能量消耗，以提高泵的使用效率。

32. 什么叫离心泵的比例定律？

在转速一定的情况下，离心泵的流量 Q、扬程 H、功率 N 为一定值。一旦离心泵的转速发生变化，则泵的各参数也随之发生变化，这种规律叫泵的比例定律。

33. 离心泵改变转数后，扬程、流量、轴功率发生什么变化？

离心泵改变转数后，各参数的变化规律可用下式表示。

$$\frac{Q_1}{Q_2} = \frac{n_1}{n_2} \qquad (2-1-9)$$

$$\frac{H_1}{H_2} = \left(\frac{n_1}{n_2}\right)^2 \qquad (2-1-10)$$

$$\frac{N_1}{N_2} = \left(\frac{n_1}{n_2}\right)^3 \qquad (2-1-11)$$

式中 n_1、H_1、Q_1、N_1——改变转速前的转速、扬程、流量、轴功率；

n_2、H_2、Q_2、N_2——改变转数后的转数、扬程、流量、轴功率。

例：已知水泵的流量 $Q_1 = 180m^3/h$，扬程 $H_1 = 250m$，转速 $n_1 = 2950r/min$，轴功率 $N_1 = 100kW$，改用 $n_2 = 1450r/min$ 的电动机，求该泵改变转数后的流量、扬程、轴功率？

解：

$$\frac{Q_1}{Q_2} = \frac{n_1}{n_2}$$

$$Q_2 = \frac{Q_1 n_2}{n_1} = \frac{180 \times 1450}{2900} = 90m^3/h$$

改变转数后的流量为 $90m^3/h$。

$$\frac{H_1}{H_2}=\left(\frac{n_1}{n_2}\right)^2$$

$$H_2=H_1\left(\frac{n_2}{n_1}\right)^2=250\left(\frac{1450}{2900}\right)^2=62.5m$$

改变转数后的扬程为 62.5m。

$$\frac{N_1}{N_2}=\left(\frac{n_1}{n_2}\right)^3$$

$$N_2=N_1\left(\frac{n_2}{n_1}\right)^3$$

$$=100\left(\frac{1450}{2950}\right)^3=12.5kW$$

改变转数后的功率为 12.5kW。

例：离心泵的生产能力为 $15m^3/h$，扬程 62m，轴功率为 4.2kW，该泵转数由 970r/min 改为 730r/min，试求效率有什么变化？

解：已知 $Q_1=15m^3/h$，$H_1=62m$，$N_1=4.2kW$，当转数由 920→730r/min 即由 $n_1 \rightarrow n_2$ 时，效率 η 的变化？

$$\because N_1=\frac{\rho Q_1 g H_1}{1000\eta}$$

$$\therefore \eta=\frac{\rho Q_1 g H_1}{1000 N_1}$$

$$=\frac{1000\times 15\times 9.8\times 62}{3600\times 1000\times 4.2}$$

$$=0.603\ (60.3\%)$$

改变转数前的效率 η 为 60.3%。

当 $n_1 \rightarrow n_2$ 时

$$\frac{Q_1}{Q_2}=\frac{n_1}{n_2}$$

$$Q_2 = \frac{Q_1 \cdot n_2}{n_1} = \frac{15 \times 730}{970} = 11.29\text{m}^3/\text{h}$$

改变转数后的流量为 11.29m³/h。

$$\frac{H_1}{H_2} = \left(\frac{n_1}{n_2}\right)^2$$

$$H_2 = \frac{H_1}{\left(\frac{n_1}{n_2}\right)^2} = \frac{62}{\left(\frac{970}{730}\right)^2} = 35.12\text{m}$$

改变转数后的扬程为 35.12m。

$$\frac{N_1}{N_2} = \left(\frac{n_1}{n_2}\right)^3$$

$$N_2 = \frac{N_1}{\left(\frac{n_1}{n_2}\right)^3} = \frac{4.2}{\left(\frac{970}{730}\right)^3} = 1.79\text{kW}$$

改变转数后的功率为 1.79kW。

$$\therefore \eta = \frac{\rho Q_2 g H_2}{1000 N_2}$$

$$= \frac{1000 \times 11.29 \times 9.8 \times 35.12}{3600 \times 1000 \times 1.79}$$

$$= 0.603\ (60.3\%)$$

改变转数后的效率为 60.3%，证明改变转数前后的效率无变化。

34. 什么叫离心泵的切割定律？

将离心泵原来的叶轮直径切小。如图 2－1－3。即由 D_1 切割后改变为 D_2 时，它的流量、扬程、轴功率随之也要发生变化，这叫泵的切割定律。

$$\frac{Q_1}{Q_2} = \frac{D_1}{D_2} \qquad (2-1-12)$$

$$\frac{H_1}{H_2}=\left(\frac{D_1}{D_2}\right)^2 \qquad (2-1-13)$$

$$\frac{N_1}{N_2}=\left(\frac{D_1}{D_2}\right)^3 \qquad (2-1-14)$$

式中 D_1、Q_1、H_1、N_1——原来的叶轮直径、流量、扬程、功率；

D_2、Q_2、H_2、N_2——泵叶轮直径切割后的叶轮直径、流量、扬程、轴功率。

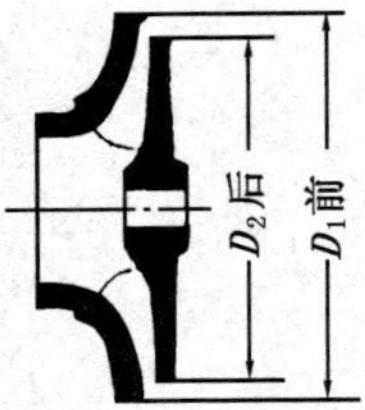

图2－1－3 离心泵叶轮切割图

离心泵的叶轮直径切割量是有限度的。

例：已知泵的叶轮直径 $D_1=200$mm，流量 $Q_1=45\text{m}^3/\text{h}$，扬程 $H_1=65$m，轴功率 $N_1=12$kW，求把叶轮直径切割到 $D_2=170$mm 时，流量、扬程、轴功率有什么变化？

解：
$$\frac{Q_1}{Q_2}=\frac{D_1}{D_2}$$

$$Q_2=\frac{Q_1D_2}{D_1}$$

$$=\frac{45\times170}{200}$$

$$=38.3\text{m}^3/\text{h}$$

切割叶轮直径后的流量为 $38.3\text{m}^3/\text{h}$

$$\frac{H_1}{H_2}=\left(\frac{D_1}{D_2}\right)^2$$

$$H_2=H_1\left(\frac{D_2}{D_1}\right)^2$$

$$=65\left(\frac{170}{200}\right)^2$$

$$=47\text{m}$$

切割叶轮直径后的扬程为 47m。

$$\frac{N_1}{N_2}=\left(\frac{D_1}{D_2}\right)^3$$

$$N_2=N_1\left(\frac{D_2}{D_1}\right)^3$$

$$=12\left(\frac{170}{200}\right)^3$$

$$=7.4\text{kW}$$

切割叶轮直径后的轴功率为 7. 4kW。

可见叶轮直径切小后，对应的流量、扬程、轴功率都变小了。

例：已知某离心泵的生产能力为 $10\text{m}^3/\text{h}$，扬程为 58m，轴功率为 2. 1kW，叶轮直径由 210mm 切割到 200mm 时，求叶轮直径切割前、后泵的效率有什么变化?

解：已知 $Q_1=10\text{m}^3/\text{h}$，$N_1=2.1\text{kW}$，$H_1=58\text{m}$，$D_1=210\text{mm}$

当 $D_1\rightarrow D_2=210\rightarrow200\text{mm}$ 时，求 η 变化多少?

在叶轮直径不变时的效率：

$$\eta=\frac{\rho Q_1gH_1}{1000N_1}$$

$$=\frac{1000\times10\times9.8\times58}{3600\times1000\times2.1}$$

$$=0.752\ (75.2\%)$$

叶轮直径切割前的效率为 75. 2%。

当叶轮直径由 $D_1\rightarrow D_2=210\rightarrow200\text{mm}$ 时

$$\frac{Q_1}{Q_2}=\frac{D_1}{D_2}$$

$$Q_2=\frac{Q_1D_2}{D_1}$$

$$=\frac{10\times200}{210}$$

$$=9.52\mathrm{m^3/h}$$

切割叶轮直径后的流量为 $9.52\mathrm{m^3/h}$。

$$\frac{H_1}{H_2}=\left(\frac{D_1}{D_2}\right)^2$$

$$H_2=\frac{H_1}{\left(\frac{D_1}{D_2}\right)^2}$$

$$=\frac{58}{\left(\frac{210}{200}\right)^2}$$

$$=52.61\mathrm{m}$$

切割叶轮直径后的扬程为 52.61m。

$$\frac{N_1}{N_2}=\left(\frac{D_1}{D_2}\right)^3$$

$$N_2=\frac{N_1}{\left(\frac{D_1}{D_2}\right)^3}$$

$$=\frac{2.1}{\left(\frac{210}{200}\right)^3}$$

$$=1.81\mathrm{kW}$$

切割叶轮直径后的轴功率为 1.81kW。

$$\eta=\frac{\rho Q_2gH_2}{1000N_2}$$

$$=\frac{1000\times 9.52\times 9.8\times 52.61}{3600\times 1000\times 1.81}$$

$$=0.752\ (75.2\%)$$

叶轮切割后的效率为 75.2%，证明叶轮直径切割前、后的效率无变化。

35. 比例定律和切割定律有什么异同之处?

比例定律是指离心泵的转数与流量、扬程、轴功率之间的关系。一旦泵的转数发生变化，则泵的流量、扬程、轴功率也随之发生变化。

切割定律是指离心泵的叶轮直径与流量、扬程、轴功率的关系。一旦泵的叶轮直径发生变化，流量、扬程、轴功率也随之发生变化。

共同点：当转数或叶轮直径变化不大时，其变化前、后的效率基本上不变。

36. 叶轮直径允许切割量为多少?

如果叶轮直径变化很大，其效率也会有所下降。

叶轮直径切割量如表 2－1－2。

37. 液体密度对离心泵性能有什么影响?

在正常温度下，若输送液体密度与水的密度不同时，若泵的流量、扬程、效率等参数不变，则轴功率随密度的变化而变化。可用下式计算：

表 2－1－2　泵叶轮切割量

比转数 n_s	60	120	200	300	350
最大允许切割量	20%	15%	11%	9%	7%
效率下降值	每切割 10% 下降 1%		每切割 4% 下降 1%		

$$N'=N\frac{\rho'}{\rho} \qquad (2-1-16)$$

式中　N'、N——该泵输送介质和水的轴功率；

ρ'、ρ——该泵输送介质和水的密度。

38. 液体粘度对离心泵性能有什么影响?

若输送粘度很高的液体（如原油、渣油等），则泵的流量减少，扬程降低，功率增加，效率降低。

39. 若输送含固体颗粒的液体对离心泵的性能有什么影响?

在一般情况下，若液体中含有固体颗粒时，泵的流量、扬程、效率均下降，并且对泵的过流部件冲蚀严重，所以应该采用耐磨材料或采取防冲蚀措施。

第二节　离心泵的吸入高度、汽蚀现象、允许吸入真空度和比转数

1. 什么叫离心泵的吸入高度?

离心泵的吸入高度是指从泵的入口中心到吸入贮槽液面的垂直距离，如图2－2－1，图中 z 为离心泵的吸入高度。

2. 离心泵为什么能吸入液体?

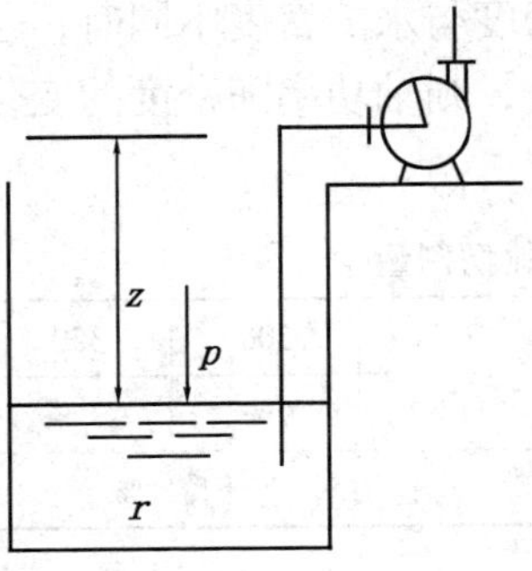

图2－2－1　离心泵的吸入高度

因为叶轮旋转时，叶轮中心入口处形成低于1个大气压或真空的低压区，由于贮槽液面和大气接触，所以液体在大气压力的作用下，被压入泵的吸入口而被吸上来。

3. 什么叫柏努力方程式?

离心泵的吸入高度用 H_1 表示。它与大气压力、进口速度等

有关。表示吸入高度与这些关系的公式叫柏努力方程式。

$$H_1 = \frac{p_a - p_1}{r} - \frac{W_1}{2g} - \Sigma h \qquad (2-2-1)$$

式中 H_1——离心泵的吸入高度，m；

p_a——大气压，MPa；

p_1——进入叶轮时液体压力，MPa；

W——进入叶轮时液体体积流速，m/s；

g——重力加速度，9.81m/s^2；

Σh——液体在吸入管内的压头损失，m。

4. 离心泵的吸入高度与温度有什么关系？

在一般情况下，离心泵对水的吸入高度和水的温度有密切关系，水的温度高，泵的吸入高度就低；反之水的温度低，泵的吸入高度就高。如表2-2-1。

表2-2-1 离心泵对水的吸入高度

温度/℃	10	20	30	40	50	60	65
吸入高度/m	6	5	4	3	2	1	0

5. 什么叫离心泵的汽蚀现象？

离心泵叶轮在高速旋转时产生离心力，使泵的入口处产生低于大气压的真空度，使液体自动的流入泵的入口处。当入口处的真空度达到一定程度时，虽然在常温下，入口处的液体也能汽化而产生汽泡，这些汽泡随液体一起进入叶轮。在离心力的作用下液体压力逐渐升高，汽泡便凝结成液体而消失，此刻周围液体迅速来补充，从而发生了猛烈的碰撞，瞬间产生很强的水锤现象，打击叶轮表面，便产生机械腐蚀。一方面叶轮受到损害，同时发生响声，泵有振动，流量减小，扬程下降，效率降低等，这种现象叫汽蚀现象。

6. 如何消除汽蚀现象?

为了消除汽蚀现象，在制造泵叶轮的材质方面应尽量采用防腐蚀材料，增加泵的抗腐蚀能力。在安装时，应尽量减少泵的入口阻力，选择合适的吸入高度，合理操作，正确调节等。

7. 允许吸入真空度和哪些因素有关?

允许吸入真空度与吸入高度及液体进入泵体的流动速度等有关，可用下式计算：

$$H_{允} = H_1 + \frac{W^2}{2g} + h \quad \text{m} \qquad (2-2-2)$$

式中 $H_{允}$——泵的允许吸入真空度，m；

H_1——泵的吸入高度，m；

W——泵入口的体积流速，m/s；

h——泵吸水管路损失，m；

g——重力加速度9.81，m/s^2。

8. 为什么安装泵时不能离液面太高?

(1) 允许吸入真空度和流量大小有关，流量越大，允许吸入真空度越低。

(2) 要充分考虑吸水管路中的摩擦损失和局部损失，所以在一般情况下，允许吸入真空度必须低于该泵的吸水高度，才能保证泵的正常运行。

9. 允许吸入真空度和温度有什么关系?

泵在铭牌上给出的吸入真空度，是在标准大气压下，以20℃水为介质测定的。如果输送的介质不是水或操作温度不同时，则允许吸入真空度的数值要需用下式计算：

$$H'_{允} = H_{允} - \frac{p_{汽}}{r} - p' \qquad (2-2-3)$$

式中 $H'_{允}$——当时液态温度下泵的允许吸入真空度，MPa；

$H_{允}$——泵在常温(20℃)下的允许吸入真空度，MPa；

p'——泵安装高度处液面的饱和蒸汽压力，MPa；

$\frac{p_{汽}}{r}$——被输送的液体当时温度下的饱和蒸汽压力，MPa。

下面给出水在不同温度下的饱和蒸汽压，如表2－2－2。

表2－2－2　水在不同温度下的饱和蒸汽压力

水温/℃	5	10	20	30	40	50	60	70	80	90	100
饱和蒸汽压力/kPa	0. 9	1. 2	2. 4	4. 3	7. 5	12. 5	20. 2	31. 7	48. 2	71. 4	103. 3

10. 海拔高度与大气压力有什么关系？

海拔高度与大气压力可从下列表2－2－3中查出。

海拔高度与大气压力也可以从图2－2－2中查出。

表2－2－3　海拔高度与大气压力关系

海拔高度/m	0	100	200	300	400	500	600
大气压力/kPa	103	102	101	100	98	97	96

海拔高度/m	700	800	900	1000	1500	2000
大气压力/kPa	95	94	93	92	86	81

例：在泵的铭牌上查明，该泵的允许吸入真空度70kPa，把泵安装在700m高的山上，抽送60℃的水，求此时泵的允许吸入真空度为多少？

解：查图2－2－2为95kPa，p'为103. 3－95＝8. 3kPa

由表2－2－2查明水在60℃时的饱和蒸汽压为20. 2kPa。

$$H'_{允}=H_{允}-\frac{p_{汽}}{r}-p'$$

$$=70-20.2-8.3$$

$$=41.5\text{kPa}$$

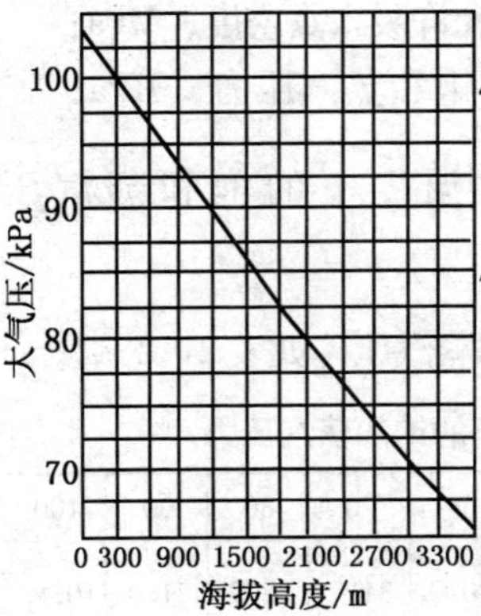

图 2-2-2　海拔高度与大气压力的关系

此时泵的允许吸入真空度为 41.5kPa。

11. 什么叫离心泵的比转数?

标准泵的扬程为 1m，流量为 75L/s，此时该泵的转数叫比转数，也叫比速，用 n_s 表示。

12. 比转数与什么因素有关?

比转数是表示同一类型泵性能差别的指标。它与流量、扬程、转数之间的关系可用下式表示。

$$n_s = 3.65\frac{n\sqrt{Q}}{H^{\frac{3}{4}}} \qquad (2-2-4)$$

式中　n_s——泵的比转数；

Q——泵的流量，m^3/s；

H——泵的扬程，m；

n——泵的转数，r/min。

对于双级泵，它的流量应除以 2

$$n_s = 3.65\frac{n\sqrt{\frac{Q}{2}}}{H^{\frac{3}{4}}} \qquad (2-2-5)$$

对于多级泵，它的扬程应被级数除

$$n_s = 3.65\frac{n\sqrt{Q}}{\left(\frac{H}{z}\right)^{\frac{3}{4}}} \qquad (2-2-6)$$

式中　z——泵的级数；

其余意义同前。

13. 泵的流量、扬程变化后对比转数有什么影响?

比转数越大，则泵的流量大，扬程低。比转数越小，则泵的流量小而扬程高。

对于泵的出口管径相同时，如果两台泵的流量相似，比比转数小的扬程高，轴功率的消耗也大。

14. 泵叶轮外形与比转数有什么关系?

比转数小的离心泵，叶轮出口宽度窄，外径大，叶片所形成的流道窄而长。如果离心泵的比转数比较大，叶轮出口宽，外径小，则流道短而宽。

在实践中，离心泵比转数的大小是根据生产需要选泵时的一个主要参数。

15. 举例说明如何查比转数图?

在生产中为了方便，可近似的从图 2－2－3 中查出某离心泵的比转数。

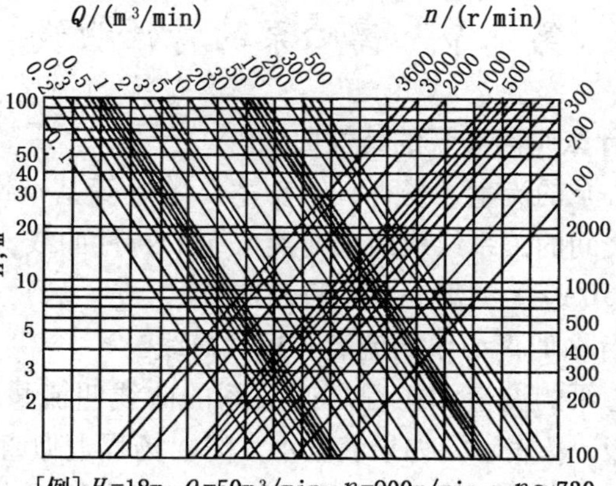

[例] H=18m, Q=50m³/min, n=900r/min→ n≈730

图 2－2－3　比转数 n_s

例：某离心泵的扬程 18m，流量 $50m^3/min$，转数为

900r/min，查该泵比转数为多少？

解：先从纵坐标查扬程18m，作水平线交于流量50m³/min线上，再作垂直线交于转数900r/min线上，之后作水平线，即为比转数 n_s 为73。

例：某单级离心泵的流量为80m³/h，扬程20m，转数为2950r/min，求此泵比转数？

解：已知 $Q = 80\text{m}^3/\text{h} = 0.022\text{m}^3/\text{s}$，$H = 20\text{m}$，

$n = 2950\text{r/min}$，求比转数 n_s？

$$n_s = 3.65\frac{n\sqrt{Q}}{H^{\frac{3}{4}}}$$

$$= 3.65\frac{2950\sqrt{0.022}}{20^{\frac{3}{4}}}$$

$$= 171$$

第三节 离心泵的特性曲线

1. 什么叫离心泵的特性曲线？

离心泵的流量、扬程、轴功率、效率等基本性能参数，把它们之间的关系绘成曲线叫离心泵的特性曲线，如图2-3-1为6BA-8型离心泵的特性曲线。

2. 什么叫离心泵的流量-扬程曲线？

离心泵的流量和扬程之间关系的曲线叫流量-扬程曲线，用 $Q-H$ 表示。如果流量不大时，扬程近似直线，流量增加到一定程度时，扬程开始降低。扬程降低的快慢与该泵的比转数有关，比转数小的则下降慢些，比转数大的下降快些。

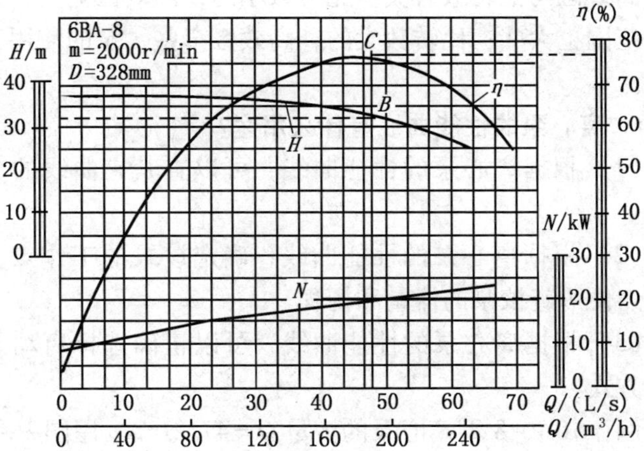

图 2-3-1　6BA-8 型泵的特性曲线

3. 什么叫离心泵的流量-功率曲线？它们之间有什么关系？

离心泵的流量和功率之间关系的曲线叫流量-功率曲线，用 $Q-N$ 表示，如图 2-3-1 中 N 线。

流量和功率之间为正比例关系。流量增加时功率也增加，增加快、慢与比转数有关。比转数越小，流量增加后功率增加越快；比转数越大，流量增加后功率增加越慢。

4. 什么叫离心泵的流量-效率曲线？

离心泵的流量和效率之间关系的曲线叫流量-效率曲线，用 $Q-\eta$ 表示，如图 2-3-1 中 η 线。

5. 什么叫高效区？它与比转数有什么关系？

当流量为零时，效率也为零，随着流量增加，效率也增加，但增加到一定数值后又下降了，开始出现下降时的最高点叫高效区。

高效区与比转数有关。比转数小的，高效区宽些，泵的使用范围也大些；比转数大的，高效区窄些，泵的使用范围小些。

6. 离心泵的性能曲线有什么用途？

（1）根据离心泵的性能曲线，可以查其它曲线的变化规律。

（2）根据离心泵的性能曲线，确定该泵的工作点，由工作点便可查该泵的流量和扬程。

（3）根据离心泵的性能曲线，可以正确选择启动泵的操作方式。

例：6BA－8 型离心泵的流量 $Q=47.2\mathrm{L/s}$，用图 2－3－1 查该泵的扬程、功率和效率为多少？

解：在横坐标找 $Q=47.2\mathrm{L/s}$ 点，作垂线交于功率曲线、扬程曲线、效率曲线的 A、B、C 各点，作平行线，便可得出功率 $N=20\mathrm{kW}$，扬程 $H=33\mathrm{m}$，效率 $\eta=78\%$。

第四节　离心泵的主要部件及材料选择

1. 离心泵的主要部件有哪些？

离心泵的主要部件有叶轮、泵体、轴、轴承、吸入室、压出室、密封装置和平衡装置等。

2. 举例说明“Y”型油泵的结构如何？

“Y”型油泵的结构如图 2－4－1。

3. 离心泵的叶轮有什么作用？

离心泵的叶轮是对液体作功的部件。叶轮在泵体内由泵轴的带动下高速旋转，使流过泵的液体获得能量。也就是说通过叶轮的高速旋转把机械能传给液体，使液体才能获得很高的动压能。

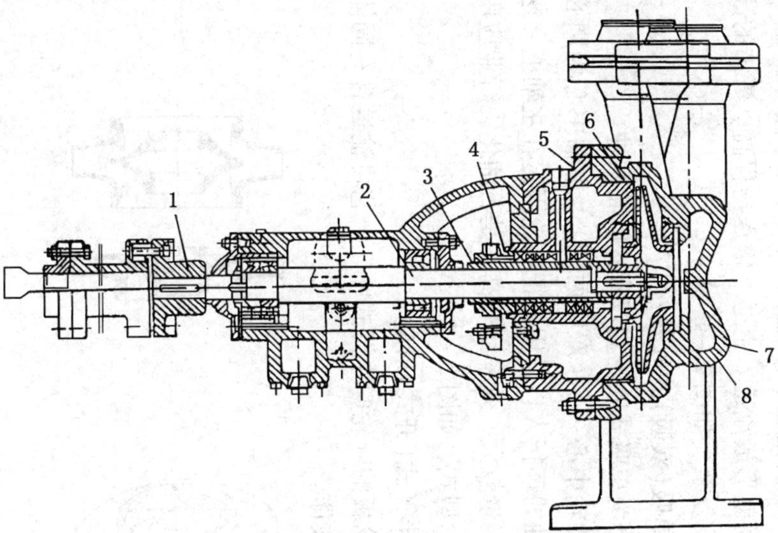

图 2-4-1　Y 型油泵结构图

1—联轴器部件；2—泵轴；3—护轴套；4—填料压盖；

5—泵体；6—叶轮；7—泵盖；8—密封环

4. 离心泵的叶轮是由哪些部件组成？

离心泵的叶轮是由前轮板、后轮板、叶片和轮毂四部分组成的。它分为闭式叶轮、半开式叶轮和开式叶轮。

5. 什么叫闭式叶轮？

闭式叶轮是由前盖板、后盖板之间夹有弯曲叶片组成的，这样叶片间就形成流道。它适于输送扬程高、清洁的液体，但制造比较复杂。如图 2－4－2。

6. 什么叫单吸(双吸)式叶轮？

闭式叶轮分为单吸式叶轮和双吸式叶轮两种。

单吸泵在叶轮中心一侧(双吸两侧)以主轴中心为圆心并且平行于主轴的环行入口，用键把叶轮固定在主轴上。这种叶轮传递的能量较大，效率比较高，是石油化工行业应用比较广泛的叶轮型式，如图 2－4－3。

7. 什么叫半开式(开式)叶轮？

只有一面轮板的叶轮叫半开式叶轮。它可输送含有固体颗粒或杂质的液体。

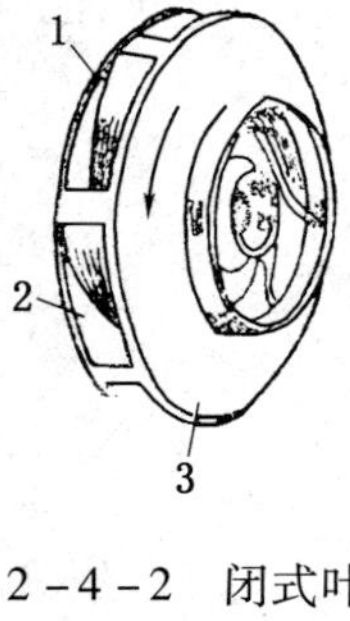

图 2－4－2 闭式叶轮

1—叶片；2—后轮板；3—前轮板

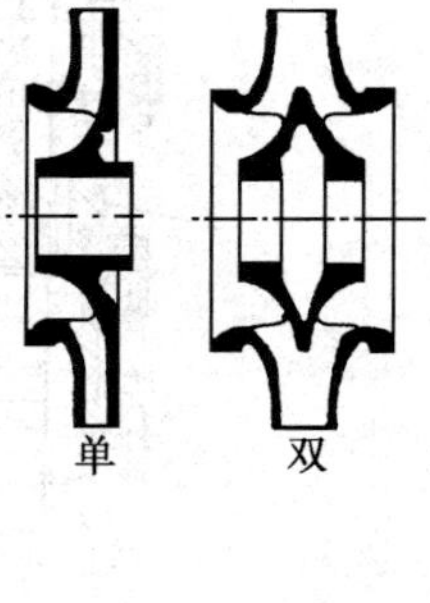

图 2－4－3 叶轮的型式

无前、后轮板的叶轮叫开式叶轮。它可输送浆状或糊状液体。如图 2－4－4。

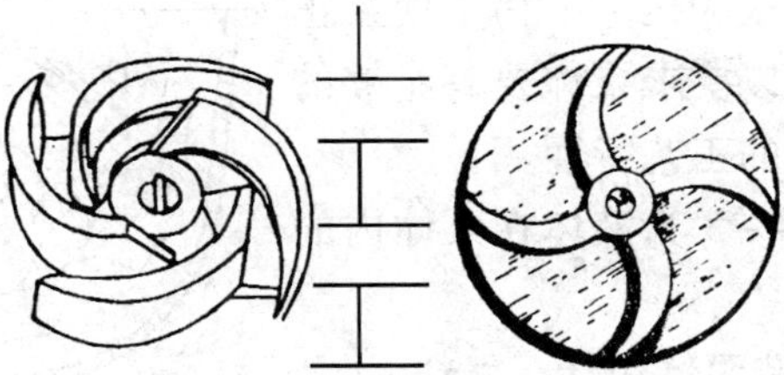
(a)开式　　(b)半开式

图 2-4-4　叶轮的分类

8. 一般叶轮的叶片数目为多少？

一般情况下，一个叶轮叶片数目为 5~10 片，叶片厚度 4~7mm。

叶片数目多些，使叶轮流道中液体的轴向旋涡小些，可提高泵的扬程。如果叶片的数目过多，会使流道变窄，容易堵塞，增加摩擦损失，增加能量消耗，降低了泵的效率。

9. 叶轮是用什么材料制造的？

根据泵的用处和腐蚀情况不同，用以制造叶轮的材料也不尽相同。

（1）输送介质的温度比较低，压力不大，介质比较干净，无腐蚀作用时，叶轮多用铸铁或铸钢制造，再经过机械加工即可。

（2）输送酸、碱等腐蚀性介质，叶轮多用耐腐蚀材料，如耐酸硅铁、青铜、不锈钢等。

（3）若输送介质在 400℃以上时，叶轮必须用耐高温的不锈钢或合金钢。

10. 离心泵的泵体有什么作用？

离心泵的泵体是接受从叶轮中排出的液体，同时将液体的动能转变成为压力。为了使泵正常运行，所以要求泵体要有足够的强度和良好的工艺特性。

图 2 –4 –5 为液体在泵体内的流动状态。

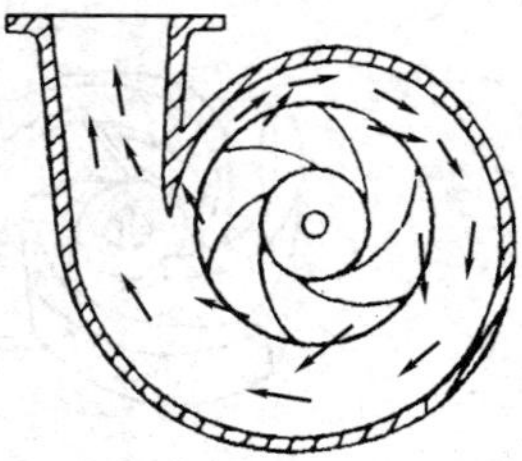

图 2 –4 –5　泵壳及壳内液体流动状态

11. 制造泵体用什么材料？

一般低压或中压泵的涡室，多用铸铁制造。高压泵一般均用高强度铸铁、铸钢或合金钢制造。

12. 为什么单级泵的泵体为蜗形？

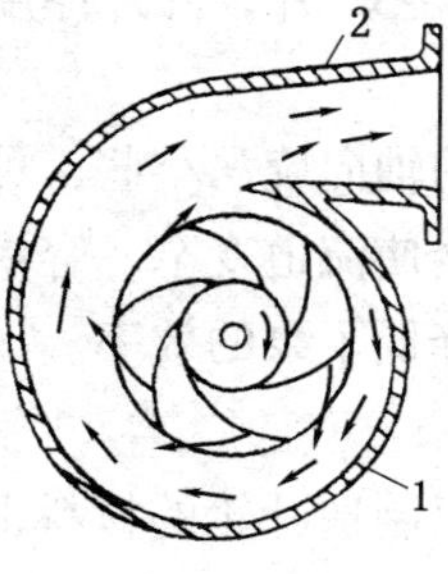

图 2 –4 –6　泵壳
1—蜗型泵壳；2—扩散管

根据液体离开叶轮后的自由流动轨迹设计制造的。如图 2 –4 –6。

因为液体在蜗形体向外流动时，流道面积逐渐增加，则流速均匀减慢，所以把动能转变成静压能。泵的出口部分逐渐扩大，变成了一个能量转换的场所。

13. 举例说明为什么多级泵的泵体为圆形？

多级泵的泵体靠近叶轮外固定一个导轮，它把从上一级叶轮出来的液体导向下一级叶轮，最后导向泵体出口流道。因为导轮上有许多导向叶片，所以同时也能起到能量转换的作用。图 2 –4 –7 为多级离心泵的结构图。

14. 什么叫离心泵的吸入室？

离心泵吸入管接头到叶轮进口前的空间部分叫吸入室。液体只有经过吸入室才能流入叶轮。在液体流入叶轮之前，

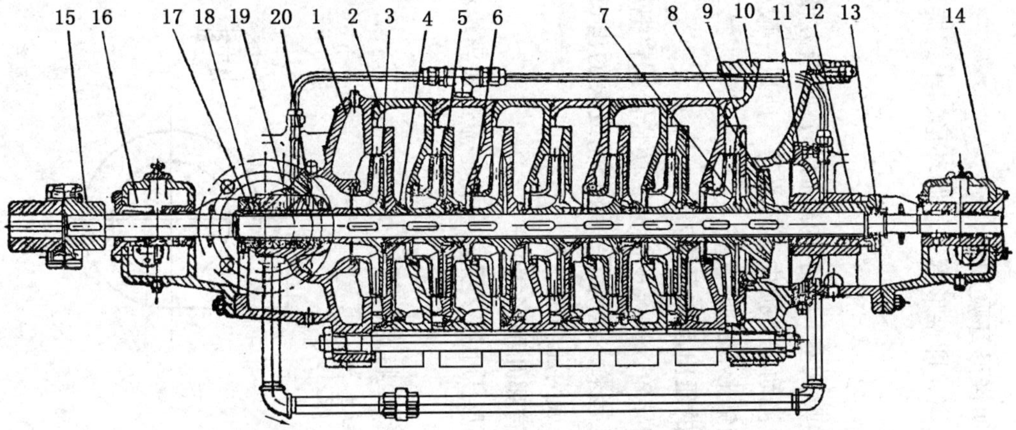

图 2-4-7　DA 型离心泵结构图

1—进水段；2—中段；3—叶轮；4—轴；5—导叶；6—密封环；7—平衡盘；8—平衡环；9—出水段导叶；10—出水段；11—尾盖；12—轴套乙；13—轴套螺母；14—轴承乙部件；15—弹性联轴器部件；16—轴承甲部件；17—轴套甲；18—填料压盖；19—填料环；20—填料

它的流动状态要保持平稳，要有均匀的速度分布，要有最小的流动损失。

15. 举例说明什么叫锥形管吸入室

离心泵有三种吸入室，即锥形管式、圆环形、半螺旋形吸入室。

锥形管式吸入室如图 2－4－8。

它是最简单的一种吸入室。由于构造简单，制造方便，液体的流速分布均匀，流动阻力损失比较小等，所以一般单级单吸离心泵多数采用锥形管式吸入室。

16. 什么叫离心泵的压出室和导轮？

离心泵的压出室和导轮，是泵的能量转换装置，它把从叶轮流出来的液体收集起来，送到下一级叶轮或泵的出口，同时把一部分动能转变成为压力能。

17. 压出室和导轮有哪几种形式？

有螺旋形涡室、环形压出室、径向导轮、流道式导轮和扭曲叶片式导轮。

18. 环形压出室有什么特点？

环形压出室如图 2－4－9。

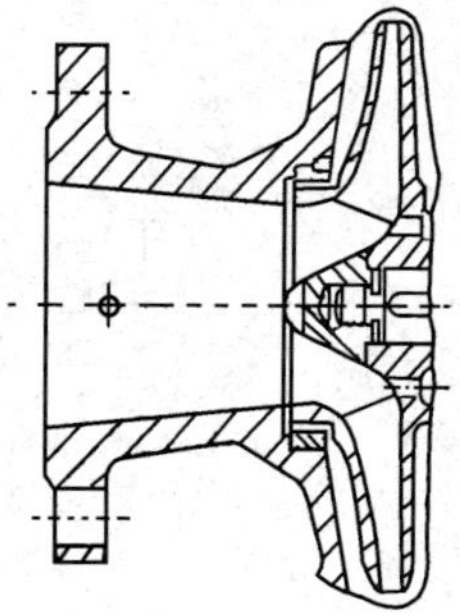

图 2－4－8　锥形管吸入室

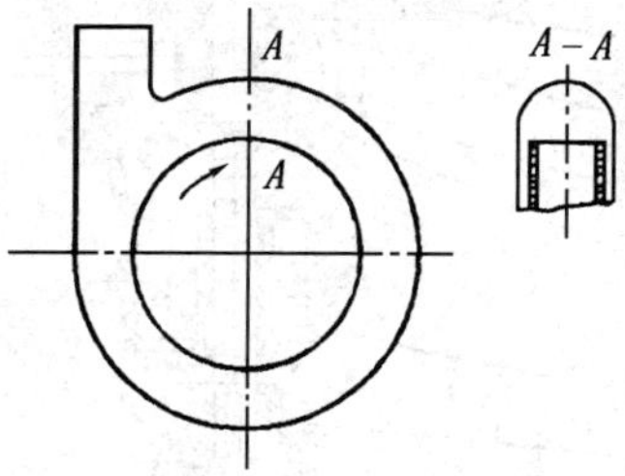

图 2－4－9　环形压出室

环形压出室的各断面面积相等，所以各点的流速也相等，液体对压出室有冲击损失，效率比较低。

19. 离心泵的轴向力是怎样产生的?

（1）叶轮两侧的液体压力不对称。

（2）液体从叶轮入口流到出口，因流体的流动方向由轴向变为径向，所以在叶轮上产生反作用力。

20. 如何消除离心泵的轴向力?

安装轴向力平衡装置，可消除轴向力。如：

（1）单级泵可在叶轮上开平衡孔。

（2）多级泵的叶轮可对称安装。

（3）装平衡盘。

（4）采用双吸叶轮。如图 2-4-10。

（5）采用平衡管平衡掉各叶轮间的压力等。

21. 轴向力对泵的正常运行有什么害处?

由于轴向力的作用，可以使叶轮产生位移，改变了叶轮和溢流道的同心度，使流量减少，扬程降低，严重时叶轮和泵体发生摩擦，直至发生设备事故。

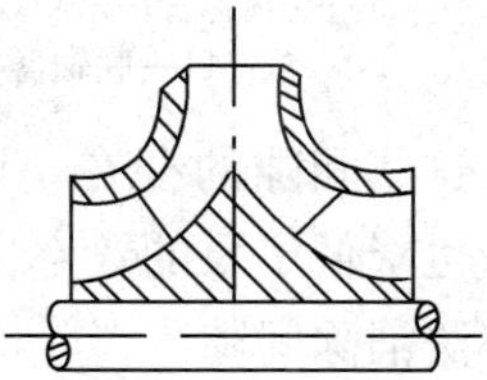

图 2-4-10　双吸式叶轮

22. 举例说明多级泵如何消除轴向力?

采用叶轮对称布置，如图 2-4-11。即把两组叶轮的进水方向相反的装在轴上，这样所产生的轴向力就互相抵消了。

23. 离心泵为什么要密封?

（1）泵轴穿过泵体时必须有间隙。

（2）叶轮和泵体间也有间隙。

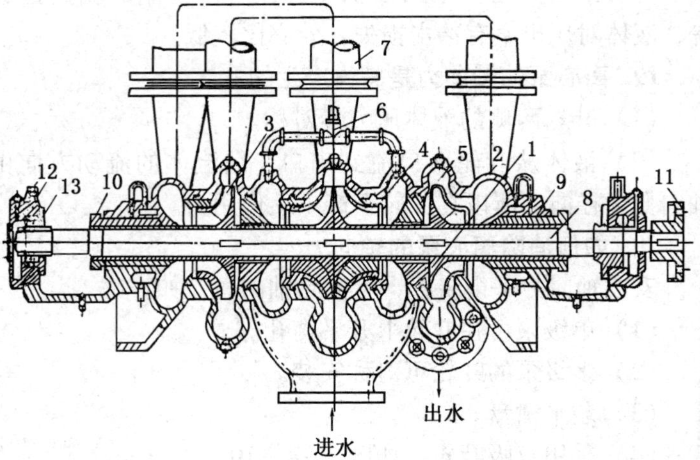

图 2-4-11　叶轮对称布置的多级离心水泵
1—泵体；2—泵盖；3—叶轮；4—密封环；5—级间隔板；6—空气管；7—导管；8—泵轴；9—填料环；10—填料压盖；11—联轴器；12—轴承体盖；13—轴承端盖

这些间隙的存在，增加了泄漏，严重时也可能引起事故，也降低了泵的效率，增加了能量消耗，所以要采用密封的办法消除间隙。

24. 什么叫轴封?

旋转的泵轴和静止的泵体间的密封叫轴封。轴封是为了防止高压液体从泵体中漏出或外界空气漏入泵体内而设的。

25. 轴封的办法有哪些?

通常轴封的办法有：填料密封、机械密封、浮动环密封、迷宫式密封等。

26. 举例说明什么叫填料密封?

填料密封是离心泵在密封中用得最多的一种密封形式，

如图 2－4－12。

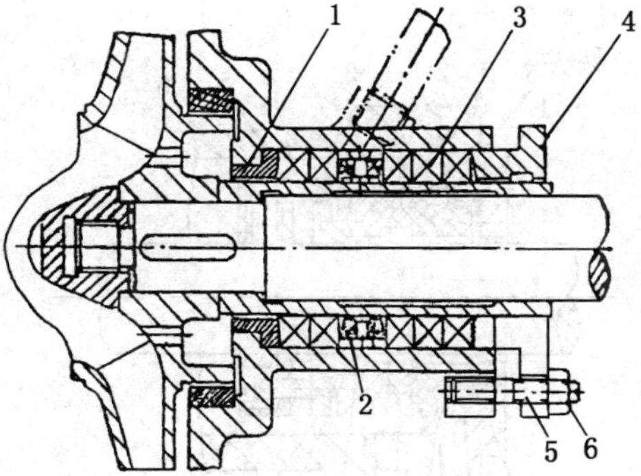

图 2－4－12　离心泵的填料密封

1—填料套；2—填料环；3—填料；

4—填料压盖；5—长扣双头螺栓；6—螺母

填料密封是由填料套、填料环、填料、填料压盖、长扣双头螺栓和螺母等组成。它是由填料和轴的外表面紧密接触来实现密封的。在正常运行时，必须用压盖将填料压紧，才不至于使液体从泵轴处泄漏。但也不能压得太紧，否则轴和填料的摩擦增加，严重时会发热，降低了泵的效率。

27. 填料密封所用材料是什么？

一般为石墨、黄油浸过的棉织物品、石棉、金属箔包石棉芯、聚四氟乙烯等。

28. 填料密封有什么特点？

一般填料密封的泄漏量为 6 滴/分钟左右。填料密封的结构很简单，使用时也比较方便，但使用寿命短，需随时维护，密封效果也不太理想。

29. 举例说明什么叫机械密封？

机械密封是由两个和轴垂直的相对运动的密封端面进行

密封的，所以也叫端面密封。如图 2－4－13。

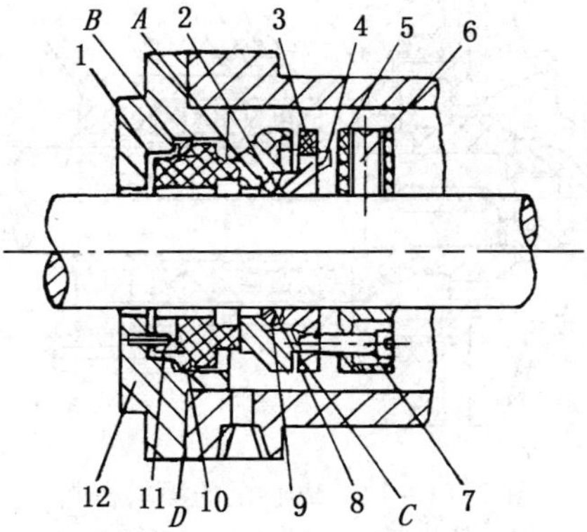

图 2－4－13　机械密封

1—静环；2—动环；3—传动销；4—弹簧；5—弹簧座；
6—紧固螺钉；7—传动螺钉；8—推环；9—动环密封圈；
10—静环密封圈；11—止转销；12—密封压盖；
A—动环与静环接触端面；B—静环与密封压盖之间；
C—动环与旋转环之间；D—密封压盖与壳体接触面

30. 制造端面密封时对材料有什么要求？

端面密封是由动环(旋转环)、静环(不动环)组成。一般制造这二个环所用的材料硬度不同，一个材料的硬度较低，如石墨或石墨填充剂；一个材料的硬度较高，如钢、堆焊硬质合金、陶瓷等。

另外，用橡胶或塑料制成不同形状的密封圈，它既可密封，因有弹性又可吸收振动。

31. 动环、静环和密封圈的工作状态如何？

动环和轴一起转动，动环密封圈阻止动环和轴之间的泄漏，它也和轴一起转动。

静环固定在泵体上，静环密封圈阻止静环和密封压盖的泄漏。

动环和静环是由弹簧的弹力使二环紧密接触。运行时二环间形成一层很薄的液膜，这层液膜起到平衡压力、润滑和冷却端面的作用。

32. 机械密封有什么特点?

机械密封的密封性能好，泄漏量少，使用寿命长，轴和轴套不易受到损坏，功率消耗小，泵的效率比较高等。

但构造复杂，价格贵，制造、安装时要求比较高。

33. 离心泵的轴有什么作用?

离心泵在正常工作时，由于泵轴的高速旋转才能带动叶轮的高速旋转。所以轴所受到的应力多数为变应力，它所受到的疲劳损坏是主要的。

34. 离心泵轴的工作特点是什么?

离心泵轴是在弯曲和扭转联合作用下工作，所以它一方面支撑旋转，另外也承受弯曲，这样才能把原动机的旋转运动和扭矩传递给叶轮，由于叶轮的高速旋转，才能不断地把液体吸入和排入管路。

35. 制造离心泵轴用什么材料?

根据泵轴的工作特点和承受的应力，在材料选择上应考虑使用耐疲劳强度比较好的碳素钢、合金钢，这些材料的综合机械性能都比较好。

如果泵的转速不高，输送介质的温度、压力不高时，泵轴用碳素钢即可。

对于转速高，输送介质的温度、压力高时，泵轴可选用机械强度比较高的合金钢。

36. 离心泵的轴承有什么作用？

离心泵的轴承是支承转子的部件，同时承受径向和轴向载荷。

离心泵的轴承分为滑动轴承、滚动轴承、止推轴承等。

37. 举例说明什么叫滑动轴承？

滑动轴承分为向心轴承和推力轴承。

向心轴承主要承受径向载荷，所以又叫径向轴承。

推力轴承主要承受轴向载荷，所以又叫止推轴承。

图 2－4－14 为剖分式滑动轴承。

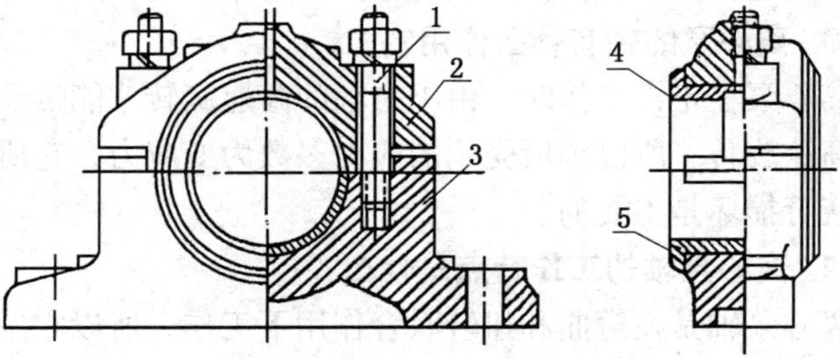

图 2－4－14　剖分式滑动轴承

1—螺栓；2—轴承盖；3—轴承座；4—上轴瓦；5—下轴瓦

剖分式滑动轴承分为上、下两个部分，由螺栓，轴承盖，轴承座，上、下轴瓦组成。

38. 制造滑动轴承时对材料有什么要求？

制造滑动轴承时，在轴瓦的表面应镶有轴衬，它可以起到承受压力和耐磨的作用。

轴承座、轴承盖因为只起支撑轴瓦作用，可用灰铸铁制造。大载荷的泵用铸钢制造。

为了便于润滑，所以应在轴瓦表面开油孔或油沟。所用润滑油除保证润滑外，还可起到冷却、防锈、吸振等作用，使泵承受较大的冲击载荷。

39. 推力轴承分为哪两种？

因为推力轴承主要承受泵轴上的轴向推力，所以它又分为固定式推力轴承，如图 2－4－15 和可倾式推力轴承，如图 2－4－16 两种。

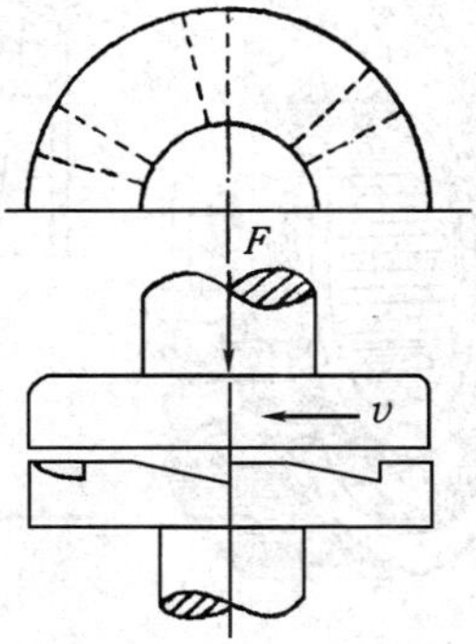

图 2－4－15　固定式推力轴承

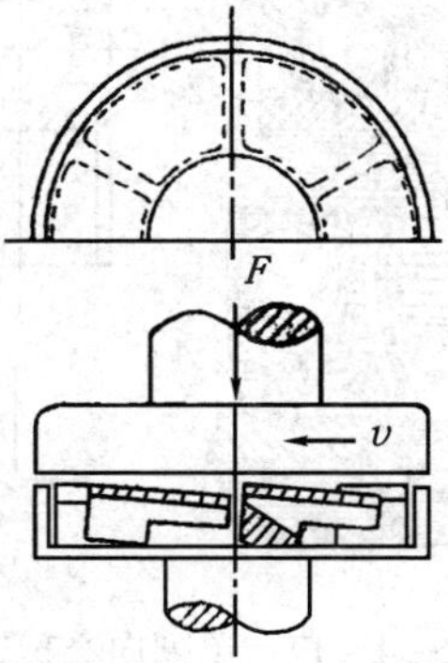

图 2－4－16　可倾式推力轴承

40. 推力轴承的轴承衬多用什么材料？

在一般情况下，加工轴承衬多用锡锑、铅锑轴承合金（巴氏合金）、青铜两种材料。因青铜的强度高，承受载荷的能力大，耐磨性能、导热性能都比较好。

加工轴瓦多用锡磷青铜、锡锌铅青铜和铝铁青铜等。

41. 什么叫滚动轴承？

滚动轴承由外圈、内圈、滚动体和保持架组成。内、外圈上有滚道，当内、外圈相对运动时，滚动体（滚珠或滚柱）则沿着滚道滚动，而保持架把滚动体均匀隔开。

42. 滚动轴承分为哪两类？

滚动轴承分为：

(1) 单列向心球轴承，如图 2－4－17。它可承受径向载荷，也可承受轴向载荷，承受冲击载荷的能力比较差。

(2) 双列向心球轴承，如图 2－4－18。它可承受径向载荷，也可承受较小的轴向载荷。

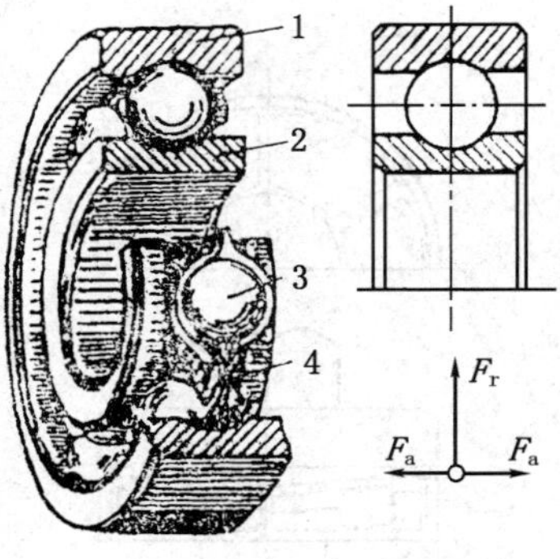

图 2－4－17　单列向心球轴承
1—外圈；2—内圈；
3—滚动体；4—保持架

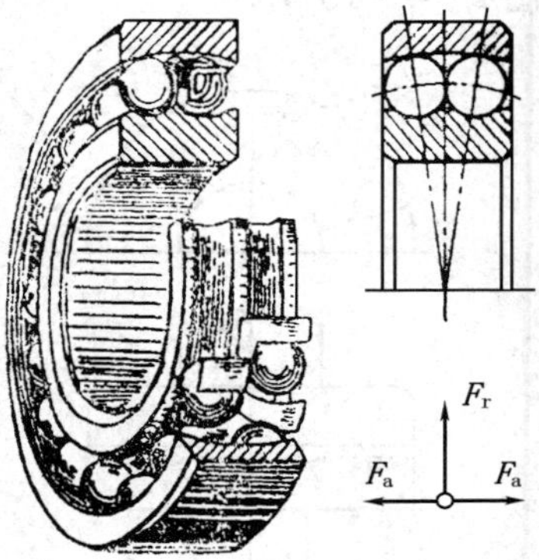

图 2－4－18　双列向心球轴承

43. 滚动轴承有什么特点？

滚动轴承的互换性能好，维修方便，磨损小，间隙小等。如果使用小泵，转速低、输送低温介质时，可用润滑脂润滑。若大泵，高转速，又输送高温介质时，则用润滑油润滑。

44. 什么叫离心泵的联轴器？它有什么作用？

联轴器就是把泵轴和原动机轴连在一起的偶合件，它具有使泵和原动机成为一个整体，当原动机旋转时泵也同时旋转并传递扭矩的作用。

联轴器也叫对轮式靠背轮等。

45. 离心泵联轴器分为哪几种?

离心泵联轴器分为固定式和可移式两种。

固定式安装时，要求两轴严格对中，泵在运行时不能发生相对位移。

可移式安装时，允许两轴有一定限度的误差，泵在运行时能补偿可能产生的相对位移，但这种补偿和产生的相对位移是有限度的。

46. 什么叫固定式联轴器?

固定式联轴器的使用范围比较广，而凸缘式联轴器就属固定式联轴器，如图 2－4－19。它是在泵轴端和原动机轴端各装一个圆盘，并用键固定好，之后再用螺栓把两个圆盘连在一起，形成一个整体。另外也可用铰制孔再用螺栓连接起来，这种形式传送的扭矩可大些。

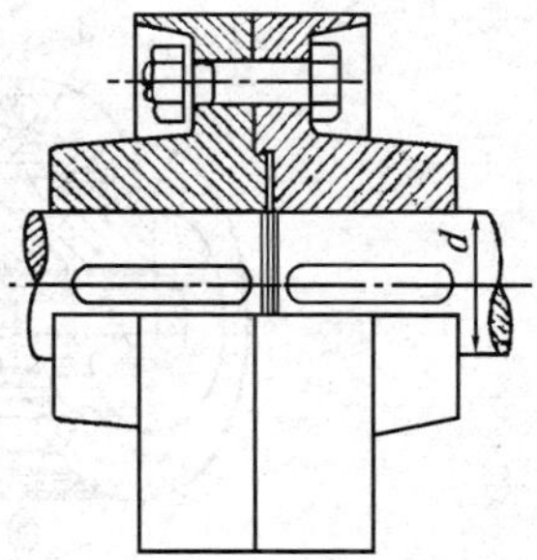

图 2－4－19　凸缘联轴器

47. 一般联轴器使用什么材料?

一般联轴器的材料多为铸铁，如果大泵运转速度比较高可用铸钢或锻钢。

48. 固定式联轴器有什么特点?

固定式联轴器的构造简单，对中精确，钢性比较好，可以传递比较大的扭矩。但是要求安装时要精确，不能缓和泵的冲击载荷。一般使用在振动小，转速低，冲击载荷小的离心泵上。

49. 为什么要采用可移式联轴器?

离心泵在制造和安装时都要产生一定误差，电动机轴和泵轴安装时也很难对中，泵在运行时也会发生某种位移，所以在泵轴、轴承上就会产生附加载荷，运行时发生振动。如果采用可移式联轴器，就可消除附加载荷，避免振动，改善了泵的运行状况。

50. 什么叫刚性可移式联轴器？

刚性可移式联轴器用得最多的为齿轮联轴器，如图 2 - 4 - 20。它是将两个半联轴器分别装在主动轴和从动轴上，再用螺栓连接成为一体。这种联轴器传递扭矩大，也可适当补偿综合位移。但构造复杂，制造也比较困难。

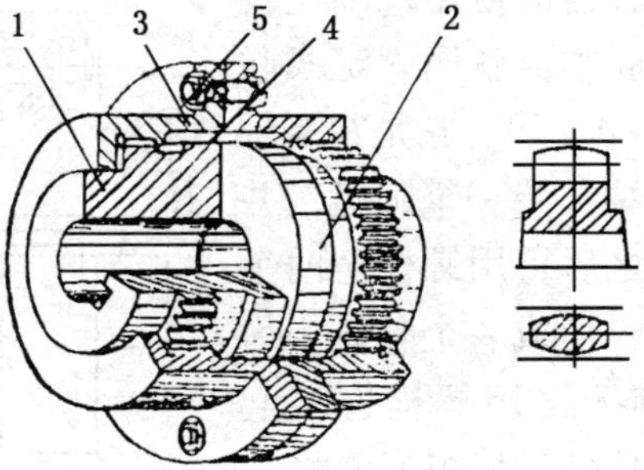

图 2 - 4 - 20　齿轮联轴器

1、2—外齿半联轴器；3、4—内齿外壳；5—螺栓

51. 什么叫弹性圈柱销式联轴器？

弹性圈柱销式联轴器，如图 2 - 4 - 21。

它是用带橡胶圈的柱销把两个凸缘连在一起，因橡胶有弹性，所以两个凸缘可略有偏移。

52. 什么叫尼龙柱销式联轴器？

尼龙柱销式联轴器，如图 2 - 4 - 22。

它是用尼龙柱销代替橡胶圈。动力由主动轴传递从动轴时，由于有弹性材料的存在，所以可缓和冲击，吸收振动。

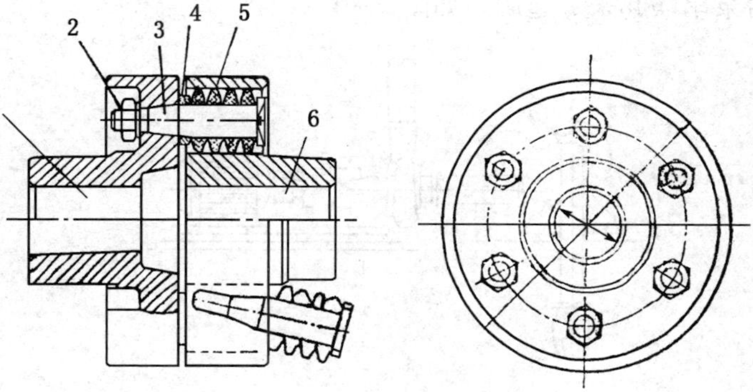

图 2－4－21　弹性圈柱销式联轴器

1—泵联轴器；2—螺母；3—柱销；

4—挡圈；5—胶皮圈；6—电机联轴器

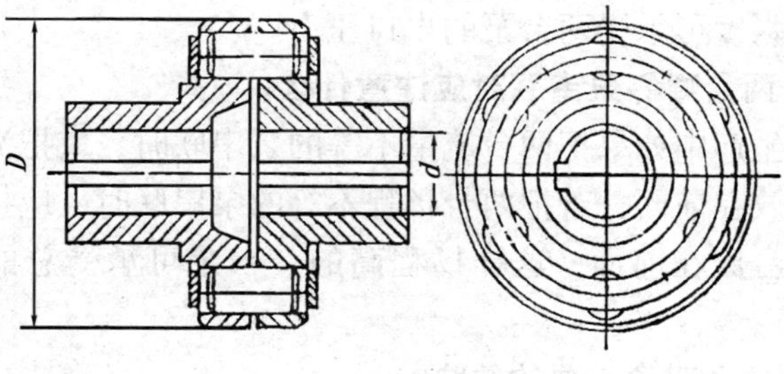

图 2－4－22　尼龙柱销联轴器

可用在高速(5000～8000r/min)的油泵上。

第五节　离心泵的运行、故障及处理

1. 什么叫离心泵的串联？

在生产中，用一台泵可能出现扬程不够的现象，可把两台泵串联起来一起用。如图 2－5－1。

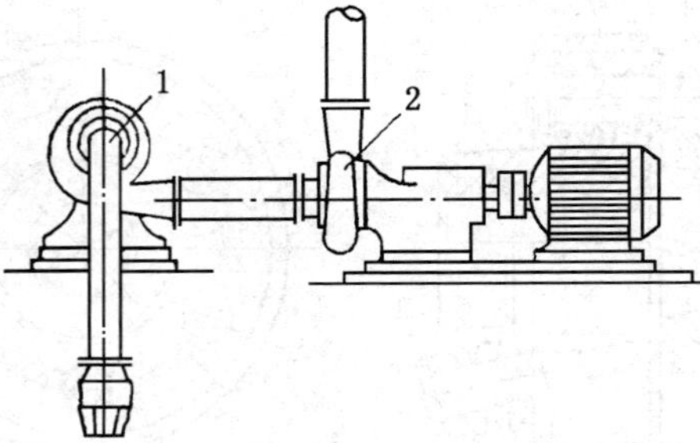

图 2－5－1　水泵串联工作示意图

1—水泵 1；2—水泵 2

这样出口扬程为两台泵的扬程之和。但这两台泵的流量必须基本相等，否则串联后的流量为流量小的泵的流量。后面泵的强度可承受两台泵的出口压力。

2. 两台离心泵串联时应注意什么？

在生产中如果把两台流量不等的泵串联时，应把流量大的一台放在前面；若把两台扬程不等的泵串联时，应把扬程低的一台放在前面，这样扬程高的一台泵可承受总的扬程之和。

3. 什么叫离心泵的并联？

离心泵的并联就是把几台泵的出口管线合成一根，如图 2－5－2。并联时几台泵的扬程应相等，总的扬程不变，但总的流量为几台泵的流量之和。

4. 离心泵在运行前要做哪些准备？

（1）检查泵出、入口管线上的阀门、法兰地脚螺栓、联轴器、温度计和压力表等。

（2）检查泵的运转情况，先盘车，听是否有杂音，看

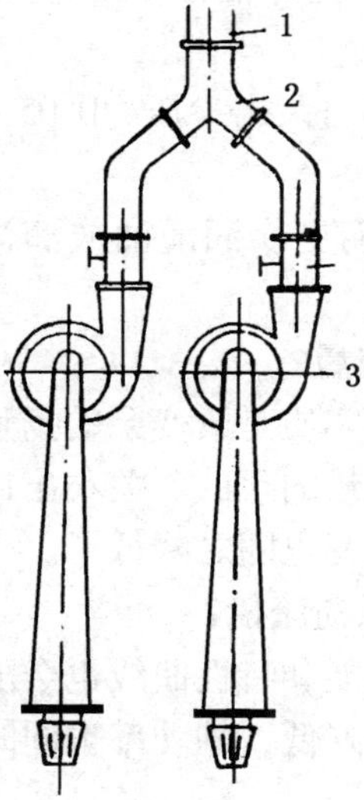

图 2-5-2　水泵并联工作示意图
1—总水管；2—三通管；3—闸阀

是否灵活。

（3）打开入口阀，排出泵体内的气体，给泵内充满所要输送的液体，再关死出口阀。

（4）往泵的油箱加好润滑油或润滑脂。

（5）给上冷却水，打开压力表，看是否灵敏。

（6）检查安全设备如对轮罩、接地线等。

（7）对热油泵看预热情况，使泵体温度不能低于介质温度的40℃。

（8）与各有关岗位、有关单位联系好。

5. 如何启动及正常操作离心泵？

（1）准备工作经检查正常后可启动泵。启动后应注意电流表，泵转向，压力表，泄漏等情况，一切正常后再慢慢打开出口阀。（未打开出口阀前泵运转不得超过3分钟，否则液体在泵内强制循环后温度升高，液体汽化会产生抽空等现象。）

（2）检查泵的轴承温度不得大于65℃，电机温度不得大于70℃。

（3）可用泵出口阀门调节流量。

（4）观察出口压力表、电流表的波动情况。

（5）检查泵的运行、振动、泄漏情况。

（6）检查泵冷却水的供应情况，润滑油液面的变化情况。

（7）打封油的泵，封油压力至少高出泵出口压力0.05～0.1MPa。

（8）对于长周期运转的泵，要定期更换润滑油或润滑脂，保证泵在良好的润滑状态下工作。

6. 如何用出口阀门调节离心泵的流量？

离心泵用出口阀门调节流量，它的实质是改变泵的扬程曲线，增大出口管路损失来实现调节流量的目的。关小出口阀门后，泵的流量降低了，同时泵的效率也随之降低了。

7. 如何用改变泵的转速调节离心泵的流量？

泵的转速一旦发生变化，则泵的性能和特性曲线也会随之发生变化。若泵的转速降低，则流量降低，轴功率也同时降低。

例：离心泵的流量 $Q_1=800m^3/h$，扬程 60m，轴功率 170kW，转数 1450r/min，若把转数降至 1025r/min 时，则流量、扬程、轴功率会发生什么变化？

解：已知：$Q_1=800m^3/h$，$H_1=60m$，$N_1=170kW$，$n_1=1450r/min$，求当 $n_2=1025r/min$ 时，Q_2、H_2、N_2？

$$\frac{Q_1}{Q_2}=\frac{n_1}{n_2}$$

$$Q_2=\frac{Q_1n_2}{n_1}$$

$$=\frac{800\times1025}{1450}=566m^3/h$$

改变转数后的流量降至 $566m^3/h$。

$$\frac{H_1}{H_2}=\left(\frac{n_1}{n_2}\right)^2$$

$$H_2 = \frac{H_1}{\left(\frac{n_1}{n_2}\right)^2} = \frac{60}{\left(\frac{1450}{1025}\right)^2} = 30\text{m}$$

改变转数后的扬程降至30m。

$$\frac{N_1}{N_2} = \left(\frac{n_1}{n_2}\right)^3$$

$$N_2 = \frac{N_1}{\left(\frac{n_1}{n_2}\right)^3} = \frac{170}{\left(\frac{1450}{1025}\right)^3} = 60\text{kW}$$

改变转数后的功率降至60kW。

8. 如何停运离心泵?

(1) 慢慢关死出口阀门。

(2) 切断电源后关入口阀，压力表阀。

(3) 热油泵，待泵体温度降低后停冷却水和封油。

(4) 在冬季，对停下来的泵要放掉泵内液体，并采取必要的防冻措施。

(5) 定时检查、盘车。

9. 如何切换离心泵?

(1) 做好启动泵前的各种准备后，打开入口阀，引入液体。

(2) 启动后，待泵的转速、声音、泵体压力等正常后再开出口阀。

(3) 泵的流量正常，压力平稳时关闭运行泵的出口阀。

(4) 停电后按停泵要求做好善后工作。

(5) 尽量减少因切换泵造成的流量、压力的波动，维持生产的正常进行。

(6) 检查启动泵的泄漏、润滑等情况。

10. 离心泵在启动时为什么会出现轴向窜动?

离心泵的转子位置是固定的，要求叶轮入口和导叶中心一致，不得与泵体发生摩擦。对装有平衡盘的泵，平衡盘可以起固定转子的作用，由于能调整轴向力，所以就可以使叶轮在很小的范围内轴向移动。

泵在启动时，由于平衡盘没有发挥作用，有可能短时间发生窜动，一旦运行正常后，这种窜动也就自动消失了。

11. 离心泵的轴承温度为什么会升高?

（1）因为润滑油位过低，进入轴承的油量少，使轴承不能充分润滑，所以泵在旋转后产生的热量不能被润滑油带走。

（2）冷却水量少或中断。

（3）因油孔或油沟堵塞，供油中断，轴承形成干磨。

（4）滚动轴承的滚动体卡死，不能滚动。

（5）润滑油的质量低，起不到润滑作用。

12. 离心泵的滚动轴承可能会发生哪些异常响声?

（1）滚动轴承的滚珠、隔离架或内、外圈磨坏，会发出金属干磨的声音。

（2）泵轴承的润滑油供应不足，也会形成干磨，发出响声。

（3）如果滚动轴承的滚珠、隔离架或滚道表面发生剥皮，泵在运行时会发生跳动。

（4）如果滚珠和隔离架的间隙太大，至使滚珠的活动范围大，会使泵发出异常响声。

13. 离心泵的生产能力降低有哪些原因?

（1）吸入管线内有气体或有堵塞，造成管路不通或吸入液体不连续。

（2）泵体没放空，内存有空气。

（3）叶轮损坏，吸不上液体，或流道堵塞。

（4）泵的吸入高度低，吸入压力低。

（5）吸入液体的粘度太大。

（6）泵体、口环损坏。

14. 离心泵的出口压力低有哪些原因？

（1）泵的运行方向不对，反相。

（2）由于液体粘度太大，使泵的上量不好。

（3）泵的叶轮或口环磨损严重。

（4）吸入液体的压力太低，或有汽化现象。

15. 离心泵电动机的电流超高有哪些原因？

（1）填料压盖拧得太紧。

（2）叶轮和泵体间可能有磨擦。

（3）泵轴与电机轴不同心，运行时不平稳。

（4）泵的口环有磨损。

（5）润滑情况不好，形成干磨。

（6）液体比重或粘度太大。

16. 离心泵填料箱严重泄漏有哪些原因？

（1）电机轴与泵轴的中心线不对中，使泵在偏心的情况下运行。

（2）泵轴或轴套的磨损严重。

（3）填料底套与泵的壳壁间隙太大，将部分填料压入泵体内，使填料与轴接触不好。

（4）泵轴有擦伤，填料不合格或转子不平衡。

（5）冷却水量少或供应中断。

（6）泵轴弯曲，轴封未起作用。

17. 离心泵在运行中应该检查哪些内容？

（1）检查润滑油位应在 1/2～2/3 处，温度≯60℃，不能有乳化、变质。

（2）检查轴承的运转情况，听是否有异常声音。

（3）看真空表、压力表的指针要平稳，电流表的电流要稳定。

（4）泵和电动机的地脚螺栓要牢固，不能发生振动。

（5）检查密封是否正常，漏滴在 8 ~ 10 滴/min 为正常。

18. 离心泵在小流量情况下运行会发生哪些现象？

（1）泵内液体温度升高。

（2）泵会发生喘振，振动，产生噪音。

（3）泵长时间在小流量下运行还会使部分液体汽化，吸入液体发生困难。

（4）泵的效率降低，能量消耗增加。

19. 润滑油或润滑脂的质量好坏对泵轴承有什么影响？

（1）用润滑油时，发现轴承表面有粘膜、浮渣，说明轴承温度超过润滑油上限温度。

（2）用润滑脂时，一旦润滑脂变黑，说明轴承负荷较大。变蓝，说明它的润滑能力达上限。变白，说明它的用量过大。

（3）如果轴承发生振动或不平衡，在摩擦面有红色沉积物，这是摩擦腐蚀产物。有金属微粒，说明润滑油(润滑脂)用量不足，失去润滑作用。

20. 离心泵一旦发生腐蚀故障后有哪些现象？

如果制造泵所用的材料不合格，使某些零件发生点腐蚀、汽蚀腐蚀、晶间腐蚀的时候，都会使泵的流量降低，压力降低，有时也可能发生振动或噪音等。

21. 离心泵在运行时有哪些原因会产生振动和发出噪音？

（1）泵轴与电动机轴不同心，基础强度差，材质的热胀冷缩不同等。

（2）泵的流量小，泵内液体流动不均，压力有变化，对泵形成冲击力量。

（3）泵的转子或轴承等发生腐蚀，轴弯曲所引起的不平衡。

（4）地脚螺栓松动，使泵或电动机发生振动。

22. 离心泵在运行时为什么流量会慢慢减少？

（1）泵出口的单向阀失灵，系统管路不畅。

（2）泵的零部件如口环、轴套、平衡装置等发生腐蚀。

（3）泵的转速不够。

（4）叶轮堵塞或与轴承间的固定不好等。

23. 离心泵在运行中为什么会抽空？

（1）吸入管插入水池的深度不够或露出水面。

（2）叶轮腐蚀后抽不上液体。

（3）被输送介质的粘度过大，吸入管的阻力大，液体温度高，压力低等。

24. 离心泵启动时可能有哪些原因造成超负荷运行？

（1）启动前没做好准备，没盘车，一些不能启动泵的因素没及时发现，所以启动后可能会产生抱轴。

（2）泵出口阀门开度过大，在大流量下启动。

（3）填料压得过紧、叶轮摩擦、轴弯等。

（4）介质粘度太大，泵转速太高。

（5）润滑油供应不足或变质。

25. 离心泵机械密封为什么会泄漏？

（1）动、静环的密封面接触不好，密封圈的密封性能不好，轴有槽沟、表面有腐蚀等。

（2）较长时间抽空后密封圈坏，弹簧断。

（3）弹簧比压过大，密封表面的强度不够，材质不好。

（4）操作不稳波动较大，泵振动。

26. 离心泵的轴承可能会发生哪些故障？

（1）轴套衬里质量不好，间隙过紧或过松。

（2）滚动轴承的滚珠碎，内、外圈断，隔离架坏或脱落。

（3）冷却水供应不足或中断。

（4）轴承不能正常工作，窜轴，转子不平衡。

（5）润滑油的压力不够，质量不好，供应中断。

27. 离心泵一般容易发生哪些故障？如何处理？

离心泵在运行中可能会出现各种故障，为此列举一些在运行中容易发生的问题及处理方法，供参考。

故障的现象	处理故障的方法
开泵时发现扬程小	改变安装高度，或降低装置扬程或换泵
入口管线或填料漏气	检查入口线，堵塞漏气处，扭紧填料压盖，保证密封，也可涂少许黄油
泵的转向反向	改变转向，请电工帮助处理
泵的转数太低	检查电压是否符合要求的电压，传动部分是否正常，对检查的问题对症处理
泵的流道堵塞	清理入口池的杂质，停泵拆开后疏通流道，清除异物
叶轮口环磨损太大	修理、更换备件，查磨损原因
泵安装太高，吸水阻力大，产生汽蚀	降低安装高度，减小吸水阻力，避免产生汽蚀的原因
多级泵的平衡装置磨损严重	修理、更换
叶轮汽蚀严重	更换叶轮，查产生汽蚀原因，对症处理

续表

故障的现象	处理故障的方法
泵轴弯曲、轴承磨损严重	矫直泵轴，更换轴承
填料太紧，轴发热	松填料
两联轴器间隙太小，运行二轴相顶	调整间隙
叶轮盖板或中段相磨	修理或更换叶轮盖板
流量太大，大大超出工艺范围	提高扬程，关小出口阀，再不行可换泵
泵入口真空度超出允许吸入真空度	降低泵的安装高度，减少吸水阻力损失
泵内旋转零件有磨损	检查原因，清理泵内
吸水池内有旋涡把空气吸入泵内	增加泵入口线的淹没深度
叶轮平衡孔堵，使泵轴向力不平衡	清除平衡孔堵塞的杂物
填料室和轴不同心	改正，使其同心

第六节　离心泵的维修

1. 离心泵检修的周期为多少天？

炼油厂使用的离心泵，分为小修和大修两种。（1）小修为 3 ~ 6 个月一次；（2）大修 12 ~ 18 个月一次。

2. 离心泵小修的内容是什么？

（1）详细检查泄漏情况，找出泄漏原因，再进行必要的修理。

（2）消除管路上法兰的泄漏。

（3）校正泵轴与电机轴的同心度。

（4）详细检查轴承，发现问题后及时进行修理或更换。

（5）对于有问题的零部件须进行维修或更换。

（6）更换润滑油。清扫冷却水系统、润滑油系统和封油系统的管路及设备。

3. 离心泵大修的内容是什么？

（1）小修的全部内容。

（2）解体泵，详细检查所有的零部件，看磨损腐蚀情况，再进行维修。

（3）检查轴套、轴承、填料箱、减压环、封油环、叶轮等，并作好记录。

（4）检查转子的动平衡和静平衡。

（5）检查轴同心度、弯曲度。

（6）测泵体的水平度。

（7）根据检查、测试情况，绘制有关部件的图纸。

4. 检修离心泵轴承时的标准是什么？

（1）椭圆度和轴径锥度不能大于轴直径的千分之一。

（2）轴径表面的粗糙度 $R_a < 1.6\mu m$。

（3）轴径与轴瓦的接触面积不应小于 $60° \sim 90°$ 范围，它的表面不应有腐蚀痕迹。

（4）外壳与轴承应紧密接触。

（5）轴瓦不能有裂纹、砂眼、金属屑等。

（6）轴承盖与轴瓦之间的紧力不小于 $0.02 \sim 0.04mm$。

（7）滚珠轴承的外径与轴承箱内壁不能接触。

（8）径向负荷的滚动轴承外圈与轴承箱内壁接触采用 $\frac{H7}{h6}$ 配合。

（9）不承受径向载荷的推力滚动轴承与轴的配合采用

$\frac{H7}{p6}$配合，如表2－6－1。

（10）主轴与上瓦用压铅丝法测间隙，两侧间隙为上部间隙之半，如表2－6－2。

表2－6－1

轴径/mm	间隙/μm	
18～30	＋7	－30
30～50	＋8	－35
50～80	＋10	－40
80～120	＋12	－41
120～180	＋14	－54

表2－6－2

轴径/mm	间隙/μm
18～30	70～130
30～50	80～180
50～80	100～180
80～120	120～200
120～180	140～240

5. 检修离心泵填料压盖时的标准是什么？

（1）填料压盖端面必须与轴垂直。

（2）填料压盖与轴套直径间隙0.75～1.0mm。

（3）填料压盖外径与填料箱间隙0.1～0.15mm。

（4）机械密封压盖胶垫要高于接触面1.50～2.50mm。

6. 检修离心泵封油环时的标准是什么？

（1）封油环与轴套间隙1.00～1.50mm。

（2）封油环外径与端面垂直。

（3）填料箱与封油环外径间隙0.15～0.20mm。

7. 检修离心泵减压环和中间托瓦时的标准是什么？

（1）中间托瓦与轴套直径间隙0.65～1.00mm。

（2）减压环与轴套直径间隙0.52～1.25mm。

8. 检修离心泵联轴器时的标准是什么？

（1）联轴器的平面间隙：冷油泵2.2～4.2mm，热油泵大于前串量1.55~2.05mm。

（2）联轴器用橡皮圈比穿孔直径小0.15~0.35mm。

（3）拆联轴器时要用专用工具，保持光洁，以免碰伤。

（4）联轴器采用$\frac{H7}{k6}$配合，如表2-6-3。

表2-6-3

轴径/mm	间隙/μm		H7/μm		k6/μm	
18~30	+17	-20	+22	0	+16	+2
30~50	+20	-23	+26	0	+20	+3
50~80	+22	-26	+30	0	+22	+3
80~120	+26	-31	+34	0	+25	+3
120~180	+30	-35	+40	0	+30	+4

9. 检修离心泵叶轮时的标准是什么？

（1）叶轮表面无水垢、油泥、裂纹等。

（2）叶轮键厚度比键槽深度小0.15~0.35mm。

（3）键和键槽要密切接触，不得再加垫。

（4）新装叶轮需找静平衡和动平衡。

（5）叶轮与轴配合采用$\frac{H7}{h6}$。

（6）键宽度比键槽宽度稍小。

10. 检修离心泵轴和轴套时的标准是什么？

（1）轴径允许弯曲不大于0.013mm，对于低转速泵轴中部不大于0.07mm，高转速泵轴中部不大于0.04mm。

（2）轴表面光滑，无裂纹、磨损等。

（3）轴套表面保持$R_a = 1.6\mu m$。

（4）如需调直轴时，用机械法或加热法处理。

（5）轴与轴套配合采用$\frac{H7}{h6}$，如表2-6-4。

表 2-6-4

轴径/mm	间隙/μm		H7/μm		h6/μm	
18~30	36	0	+22	0	0	-12
30~50	44	0	+26	0	0	-17
50~80	51	0	+30	0	0	-21
80~120	62	0	+34	0	0	-27
120~180	86	0	+40	0	0	-35

11. 检修离心泵转子时的标准是什么?

（1）轴径晃动≯0. 013mm，轴套≯0. 02mm，叶轮口环≯0. 04mm，叶轮端面的轴向晃动≯0. 23mm。

（2）冷油泵的转子和定子轴向晃动≯1. 9~3. 9mm，热油泵的转子和定子轴向晃动≮3. 5mm。

12. 检修离心泵的泵体时的标准是什么?

（1）泵体水平度；轴向冷油泵 0. 15~0. 25mm，热油泵 <0. 10mm，横向冷油泵 0. 05~0. 12mm，热油泵 <0. 15mm。

13. 检修离心泵时为什么测轴承间隙?

（1）为了便于润滑油进入，所以轴承必须有间隙。

（2）在轴承与轴径间形成楔形油膜，用液体润滑代替干摩擦。

（3）在一般情况下，轴承间隙为泵轴直径的 0. 002 倍。

14. 检修离心泵时怎样测轴承间隙?

（1）用压铅丝办法，即把铅丝放在轴径上，上、下轴瓦的结合面。

（2）扣上轴承盖，均匀把紧螺栓。

（3）用千分尺测压扁后的铅丝厚度。

（4）计算轴顶部和上、下区结合面处铅丝厚度的算术平均值。

（5）轴顶部和结合面处铅丝宽度之差为顶部间隙。

（6）用塞尺测量轴承侧部间隙，它为顶部间隙一半为宜。

15. 检修离心泵时怎样测紧力？

（1）轴瓦在轴承体内被轴承盖压紧，紧力过大，会使轴瓦变形，紧力过小，泵启动后上轴瓦会跳动。

（2）测紧力方法压铅丝；

（3）测压扁铅丝厚度，顶部铅丝厚度数值小于结合面铅丝厚度数值为紧力。

（4）滑动轴承紧力为0.015～0.020mm，滚动轴承紧力为－0.015～＋0.015mm。

（5）用调整轴承盖结合面垫片的厚度来调整紧力大小。

16. 检修离心泵时为什么测转子的晃度？

测离心泵转子的晃度即跳动：

（1）及时发现泵组装时轴是否有弯曲，转子部件是否合格。

（2）一般离心泵的叶轮密封环径向跳动不大于0.07mm轴套不大于0.03mm；两端轴径不大于0.02mm。

（3）测量转子各级叶轮距离符合原图纸要求。

17. 检修离心泵时怎样检查滚动轴承？

（1）检查滚动体及滚道表面光滑，无脱皮等现象。

（2）滚动灵活，转动平稳，慢慢减速后停止运转，无振动等。

（3）内、外圈与隔离架应有一定间隙，但不能太大。

（4）用压铅丝法测游隙，如表2－6－5。

表 2-6-5　球柱轴承的径向游隙

轴承直径/mm	径向游隙/mm		
	新球轴承	新柱轴承	极限值
20~30	0.01~0.02	0.035~0.055	0.1
35~50	0.015~0.025	0.055~0.065	0.2
55~80	0.015~0.025	0.06~0.08	0.2
85~120	0.025~0.035	0.075~0.15	0.3
130~150	0.025~0.035	0.15~0.17	0.3

18. 检修中更换离心泵的叶轮时如何找静平衡?

（1）泵运行时，由于叶轮高速旋转，如果质量不平衡，会产生离心力。

（2）测叶轮各个方位的显著静不平衡。

（3）测剩余静不平衡。

（4）对叶轮较重一侧进行铣削，铣的深度不超过叶轮盖板的1/3厚度，用减小重量达到静平衡的目的。

19. 检修离心泵时如何刮滑动轴承?

（1）检查滑动轴承是否有气孔、裂纹、乌金是否脱落、尺寸是否合适。

（2）对滑动轴承进行初步修刮，使轴与轴瓦间有一定间隙，轴承内径比轴径略大。

（3）把轴承放在轴承体内研磨，使轴承下部与轴接触角为60°左右，每平方厘米接触面不少于3块接触点。

（4）两侧间隙用塞尺插入轴径的1/4深度测量。

（5）检查轴瓦下部间隙，穿杠螺栓紧力等。

（6）在水平结合面处开油沟。

20. 检修离心泵时对机械密封有什么要求?

（1）泵载送干净介质时可装单端面机械密封。

（2）装机械密封的转子须作动平衡试验。

（3）装机械密封零件须加工到 $R_a \leq 0.8\mu m$。

（4）泵轴的轴向窜动量不大于 0.45mm。

（5）与静密封圈接触的表面须加工到 R_a，装配后端面跳动在 0.065mm 之内。

（6）装机械密封的轴或轴承不能生锈。

（7）密封面粗糙度 $R_a = 0.1 \sim 0.4\mu m$，不平度为 0.0005 ~0.0008mm，端面垂直度为 0.015mm。

（8）加强冷却。

（9）轴或轴套径向跳动要求，见表 2-6-6。

表 2-6-6

轴或轴套直径/mm	径向跳动值/mm	轴或轴套直径/mm	径向跳动值/mm
16 ~ 28	0.055	65 ~ 80	0.095
30 ~ 60	0.075	85 ~ 100	0.115

21. 检修离心泵时如何拆、卸机械密封?

（1）不得动用扁铲，不得敲打，不得损坏动环、静环和密封圈。

（2）因油污太多，影响拆卸，可先用煤油等洗净后再拆，保持机械密封元件完好无损。

（3）拆卸顺序与安装顺序相反。

22. 检修离心泵时如何安装机械密封?

（1）确定机械密封传动座的固定位置。

（2）如带有轴套，须先确定轴套位置，再把传动座固定在轴套上。

（3）把机械密封的静止部分和旋转部分组装好。

（4）把密封端盖装在密封体内，并用螺丝把紧。

23. 离心泵使用机械密封有什么好处？

（1）机械密封可安装在各种离心泵上，如冷油泵、热油泵、单级泵、多级泵、酸碱泵。

（2）润滑性能好，摩擦系数小，功率损耗小，工作效率高。

（3）密封性能比较好，平时维修量小。

（4）结构复杂，造价高，要求安装程度高。

24. 检修离心泵后发现机械密封漏是什么原因？

（1）动环、静环密封面的接触不好，有间隙，或者发生形变。

（2）密封端面的比压过大，或输送介质的压力过大。

（3）密封圈材质不良，制造有误差，安装时的精度低。

（4）泵轴或轴套有槽沟，轴套不干净。

（5）弹簧弹力小。

25. 离心泵用的机械密封各零部件材质是什么？

（1）动环、静环用堆焊硬质合金、1Cr13、1Cr18Ni9Ti、陶瓷、石墨等。

（2）弹簧：无腐蚀性介质时低温用 $60Si_2Mn$、65Mn，高温（300℃）用50CrV等碳素弹簧钢。弱腐蚀性介质用铬钢如3Cr13、4Cr13等。强腐蚀性介质用不锈钢如1Cr18Ni9、1Cr18Ni9Ti等。

（3）密封圈：橡胶如丁腈橡胶、氯丁橡胶、氟橡胶等，聚四氟乙烯，尼龙。

26. 如何组装机械密封？

机械密封静止部分的组装：

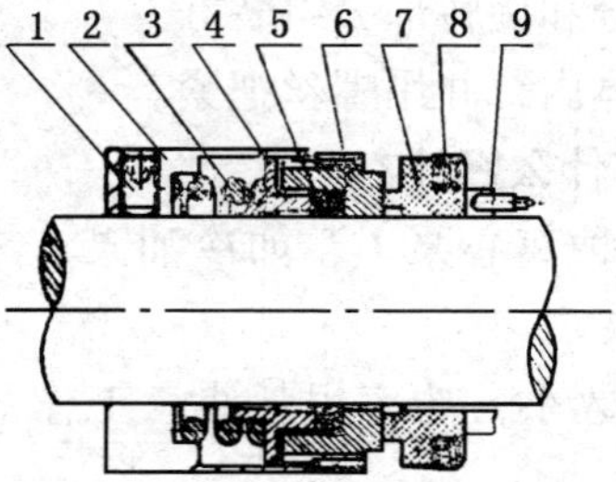

图 2-6-1 机械密封结构图

1—传动螺钉；2—传动座；3—弹簧；4—推环；5—动环密封圈；6—动环；7—静环；8—静环密封圈；9—防转销

（1）机械密封结构如图 2-6-1。

（2）把 9 装入密封端盖相应孔中。

（3）把 8 套在 7 上，再把密封环凹槽对准防转销 9，把静环装在密封端盖内。

机械密封旋转部分的组装：

（1）把 3 装在 2 内。

（2）把 4 压入 2 内，4 外圆上的 4 个凹槽对准 2 内 4 个凸台，旋转 4，把 4 凹槽与 2 凸台错开，使推环卡在 2 内，避免弹簧的弹力将 4 弹出。

（3）用螺丝固定在轴上。

（4）把 5、6 装入 2 中，动环外圈凹槽对准传动座内孔凸台。

（5）若机械密封带轴套，将轴套装在轴上。

27. 检修离心泵时如何检查机械密封？

（1）检查机械密封的型号、规格。

（2）检查机械密封元件齐全无损。

（3）检查动环、静环的密封端面完好。

（4）在组装、安装时，动环、静环端面不能受损。

（5）检查轴、轴套表面、密封体内壁、密封端盖内表面无损伤。

28. 装好机械密封后启动泵前要注意什么？

（1）检查机械密封是否装好。

（2）检查工艺管线是否完好。

（3）对机械密封进行静压试验，检查是否泄漏。

（4）泄漏严重须拆开检查，重新组装。

（5）静压试验压力可与泵出口压力相当。

（6）盘车，看转动是否灵活。

29. 装好机械密封后泵运行时须注意什么？

（1）运行前泵内要充满被输送介质。

（2）冷却水系统畅通。

（3）启动后有轻微泄漏，并逐渐减少为正常。

（4）泄漏严重须停泵检查。

（5）先停泵，再停封油、冷却水。

30. 装好机械密封后泵在运行时容易出现什么问题？怎样处理？

容易出现的问题是泄漏。处理方法是：

（1）检查装配质量，弹簧压缩量是否够。

（2）动环、静环的端面磨损严重，须反修或更换。

（3）检查动环、静环密封圈是否有损伤。

（4）检查密封体、传动座是否有杂质。

（5）检查固定密封端盖螺丝是否松动。

（6）检查轴向串动和径向振动是否过大。

（7）检查轴与轴套的密封是否受损。

（8）检查密封体内有否密封液等等。

31. 检修离心泵拆、装联轴器时应注意什么？

（1）拆联轴器时，不要硬性敲打，用专用工具拆卸。

（2）对于大泵，过盈量较大时可用加热的办法。

（3）装联轴器时，注意键槽序号。

（4）注意联轴器装配后的动平衡。

（5）若联轴器的轮毂较长，可采用较松的过渡配合。

32. 离心泵的平衡盘有什么作用？

（1）平衡盘可平衡轴向推力。

（2）平衡盘起转子轴向定位作用。

（3）平衡盘在运行时的间隙为0.1～0.2mm。

（4）平衡盘间隙过小，转子会向泵出口方向窜动，使叶轮与导叶不对中。

（5）平衡盘间隙过大，工作时因平衡盘要自动维持0.1～0.2mm的间隙，转子向泵入口方向窜动，引起叶轮、导叶不对中。

（6）一旦平衡盘的间隙发生变化，须及时维修或更换。

33. 检修离心泵时应注意些什么？

（1）用千分表给联轴器找正时，须按360°测定。

（2）检查转子是否有串轴现象。

（3）刮瓦前须先测定转子与泵体的同心度。

（4）填料压盖端面与填料箱端面要平行。

（5）在压填料前，先盘车检查转子在泵体内运动情况，然后装填料。每装入二根须压一次，盘车检查压紧程度，直到压满为止。

（6）装填料时，相接触的两圈开口处须错开120°，全部装好后，可均匀把紧螺丝，再松开，用手旋上即可。

（7）未把联轴器前，测电动机转向。

（8）泵体端盖把紧时圆周间隙须均匀。

（9）装配前内壳、转子部分要清洗干净。

（10）电动机、泵的地脚垫片用量一般为5～7片。

34. 检修离心泵后试车应注意什么？

（1）试车前加好润滑油。

（2）试车须载负荷运行。

（3）滑动轴承温度不大于70℃，滚动轴承温度不大于75℃。

（4）检查前后轴承的振动情况。

（5）检查填料是否有压得过紧过松现象。

（6）转子各部位不能有杂音。

（7）冷却水、润滑油、封油畅通，无泄漏。

（8）流量、压力平稳。

35. 检修离心泵后运行时须注意些什么？

（1）检查地脚螺要把紧，冷却水、润滑油等正常供应，封油压力大于泵出口压力0.05～0.10MPa。

（2）泵排量大而需要量小时，在泵出口可装返还阀门，或改变泵的性能曲线的办法来调节流量。

（3）热油泵启动前要预热，使泵体温度低于入口温度40℃，预热速度50℃/h。

（4）运行时注意填料箱的发热情况。

（5）经常检查润滑油的油位、质量，定期更换润滑油。

（6）停泵时要定时盘车，防止轴弯曲变形。

（7）冬季对停运泵要做好防寒工作。

第三章　往 复 泵

第一节　往复泵的工作原理及分类

1. 蒸汽往复泵的工作原理是什么？

蒸汽往复泵是以高压蒸汽为动力，推动汽缸活塞，而汽缸活塞又直接带动泵缸活塞工作，如图 3－1－1。

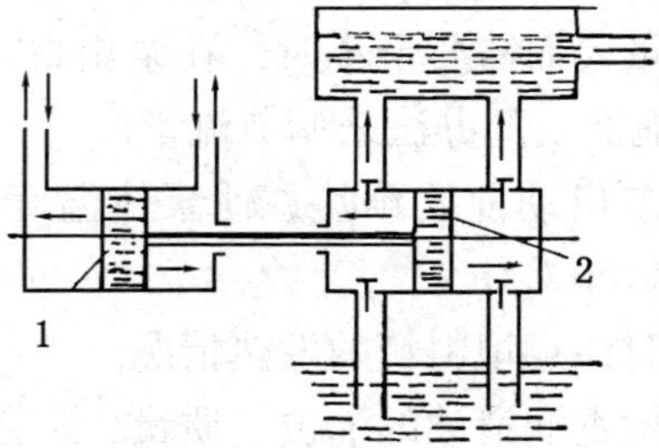

图 3－1－1　蒸汽往复泵工作原理

1—汽缸活塞；2—泵缸活塞

当高压蒸汽从左边进入汽缸，汽缸右边的低压，依靠汽缸内活塞两边的压力差推动泵缸内活塞。当到行程终点时，通过配汽机构，高压蒸汽从汽缸右边进入，而左边变为低压，这时汽缸活塞带动泵缸活塞向反方向运动，使活塞在泵缸内作往复运动，从而不间断地吸入和排出液体。

在动力允许的情况下，泵的出口压力可以打到很高，对于输送粘度比较高的石油产品是比较好的输送设备。

2. 蒸汽往复泵分为哪些类?

(1) 按作用方式：分为单作用泵和双作用泵。

(2) 按结构不同：分为单缸泵和双缸泵。

(3) 按原动力不同：分为蒸汽往复泵和电动往复泵。

(4) 按活塞构造：分为活塞式往复泵和柱塞式往复泵。

(5) 按泵的位置：分为立式往复泵和卧式往复泵。

3. 蒸汽往复泵由哪些部件组成?

蒸汽往复泵由汽缸和泵缸组成

(1) 汽缸：活塞、活塞杆、活塞环、配汽机构等组成。

(2) 泵缸：泵体、活塞、活塞杆、涨圈、吸入阀、排出阀和密封装置等组成，如图 3-1-2。

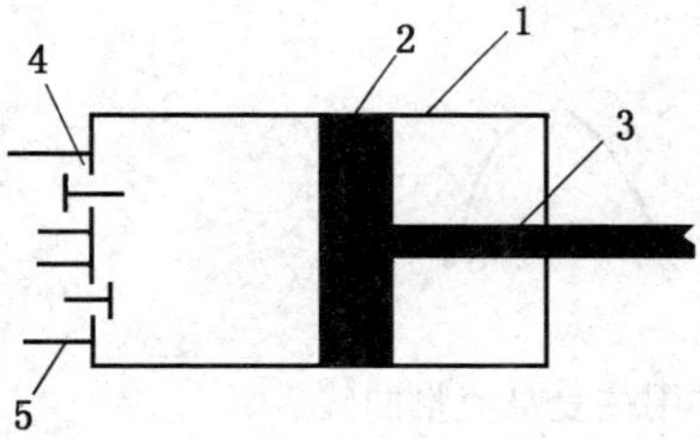

图 3-1-2　往复泵的泵缸

1—泵缸；2—活塞；3—活塞杆；4—排出阀；5—吸入阀

4. 单作用往复泵的工作原理是什么?

在原动力的带动下，当活塞杆带动活塞向右移动时，泵缸内由于容积扩大，压力减低，排出阀关死，吸入阀打开并吸入液体。当活塞向左移动时，在活塞的挤压下液体的压力升高，吸入阀关死，出口阀打开并排出液体。由于活塞不停地运动，液体不断地被吸入和排出去。

5. 蒸汽往复泵有哪些优点?

(1) 蒸汽往复泵的构造比较简单。

(2) 操作简单、维修方便。

(3) 出口压力比较高。

（4）不易抽空，有自吸能力，可输送粘稠液体。

（5）调节流量方便，耐用性好。

（6）启动泵，停泵均比较简单。

6. 单作用往复泵的流量有什么特点？

往复泵是利用泵缸内容积的不断变化，把机械能转变为静压能作用于液体，达到了不断吸入和排出液体的目的。而单作用往复泵由于吸入液体和排出液体是不连续的，所以绘制出来的流量曲线是间断的，如图 3－1－3。

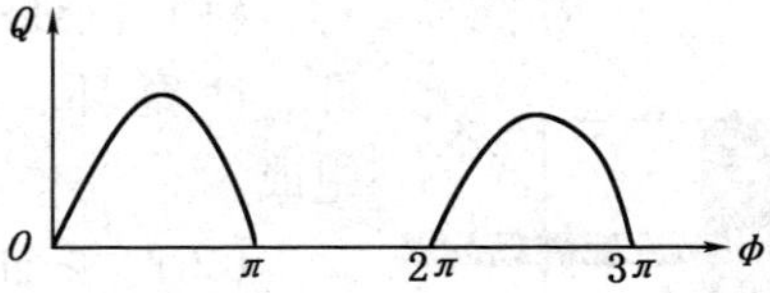

图 3－1－3　单作用往复泵流量曲线

7. 单缸双作用往复泵的工作原理是什么？

单缸双作用往复泵的工作原理如图 3－1－4 所示。

当活塞向右移动时，活塞左侧工作室的容积扩大，压力降低，则吸入阀打开，出口阀关死，液体进入泵缸内。此时活塞右侧的工作室容积减小，压力升高，出口阀打开，入口阀关死，这时一部分液体自动排出泵缸外。活塞不停的往复运动，液体不断地吸入和排出。

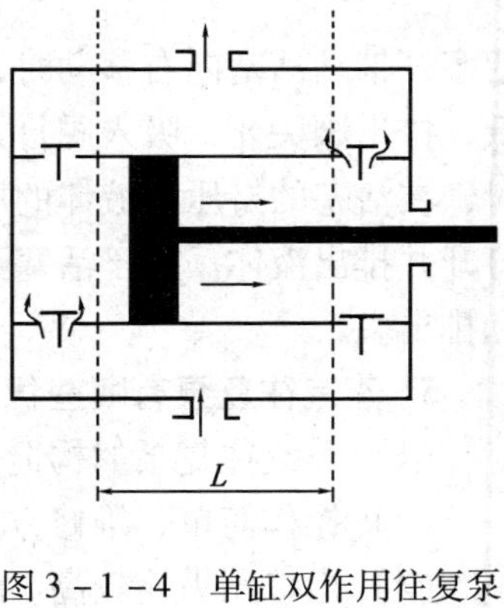

图 3－1－4　单缸双作用往复泵

8. 双作用往复泵的流量有什么特点？

双作用往复泵的吸入液体

和排出液体在一个缸内的活塞两侧同时进行，所以绘制出的流量曲线是连续的，如图 3-1-5。

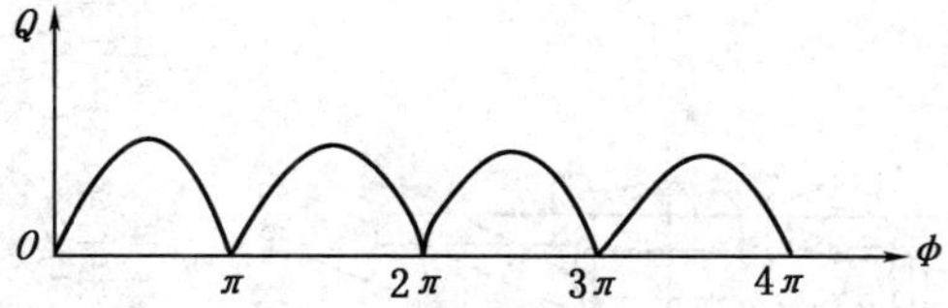

图 3-1-5　双作用往复泵流量曲线

从图中可以看出，为波浪式曲线，说明流量是不均匀的。

9. 生产中常用的往复泵有哪些？

在生产中常用单缸蒸汽往复泵；双缸蒸汽往复泵。

往复泵的活塞在缸内前后两个端点间运动，两个端点分别叫上死点和下死点，二个死点间的距离叫行程或冲程。

第二节　蒸汽往复泵的构造及型号

1. 蒸汽往复泵的泵体由哪两部分组成？

蒸汽往复泵的泵体由泵缸和汽缸等组成，如图 3-2-1。

2. 制造往复泵的泵体时对材料有什么要求？

制造往复泵的泵体所需材料，是根据生产中的使用温度、压力、耐腐蚀情况来选定的。在低温、低压下可选用铸钢材料，在中温、中压下可选用铸钢材料，在高温、高压下可选用锻钢材料，输送腐蚀性介质可选用耐腐蚀材料，如高镍铸铁等。

3. 活塞与涨圈各有什么作用？

活塞分为盘形活塞和柱形活塞两种。盘形活塞适用于在低压下工作，柱形活塞适用于在高压下工作。

活塞和泵缸紧密接触，否则高压液体就会漏入低压区去，降低了泵的效率。为了防止泄漏，所以在活塞上装有涨

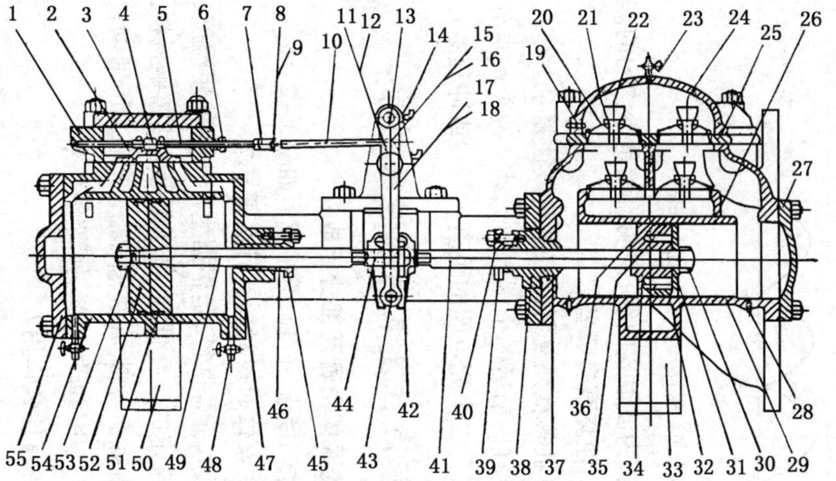

图 3－2－1　双缸蒸汽往复泵剖面图

1—蒸汽室；2—滑阀；3—蒸汽室盖；4—阀杆螺母；5—阀杆；6—阀杆填料函压盖；7—阀杆头；8—阀杆头销；9—阀杆头销螺母；10—阀杆连接杆；11—上摇杆轴（长曲柄）；12—下摇杆轴（短曲柄）；13—杠杆键；14—十字架；15—曲柄销；16—曲柄销螺母；17—长杠杆；18—短杠杆；19—阀座；20—金属阀；21—阀弹簧；22—阀导杆；23—空气旋塞；24—阀盖；25—阀板；26—液缸套；27—液缸盖；28—液力端排放旋塞；29—液缸；30—液体活塞杆螺母；31—液体活塞压板；32—液体活塞纤维填料环；33—液缸支脚；34—液体活塞体；35—液体活塞压环；36—液体活塞开口环；37—液体活塞杆填料函套；38—活塞杆填料函（液力端）；39—活塞杆填料函压盖（液力端）；40—活塞杆填料函压盖套（液力端）；41—液体活塞杆；42—活塞杆连接螺栓；43—杠杆销；44—蒸汽活塞连接杆；45—活塞杆填料函压盖（蒸汽端）；46—活塞杆填料函压盖套（蒸汽端）；47—蒸汽活塞杆填料函套；48—蒸汽端排放阀；49—蒸汽活塞杆；50—汽缸支脚；51—蒸汽活塞环；52—蒸汽活塞；53—蒸汽活塞螺母；54—汽缸（带支架）；55—汽缸盖

圈（活塞环），由于涨圈的自身弹力作用，使得活塞与泵缸紧密接触，阻止了高压液体渗漏到低压区去，从而提高了泵的容积效率，如图3-2-2。

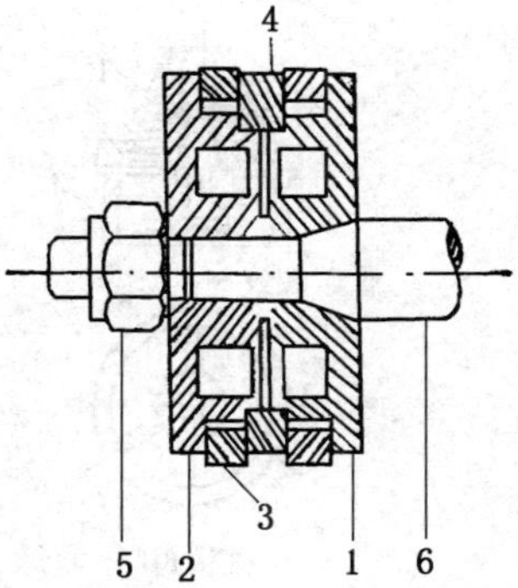

图3-2-2　盘形活塞

1,2—活塞主体;3—涨圈;4—阀隔环;5—自锁螺母;6—活塞杆

4. 制造柱塞与涨圈时对材料有什么要求?

制造柱塞一般用铸铁或铸钢，也有用青铜、特种钢制成的。制造时对表面光洁度要求比较高，多采用镀铬办法解决这个问题，减少磨损。柱塞无涨圈，它与泵缸间的密封使用填料来达到密封作用的，如图3-2-3。

制造涨圈一般用铸铁，它的硬度低于泵缸材料。若涨圈磨损可以比较方便的更换，不致于损坏活塞或泵缸。

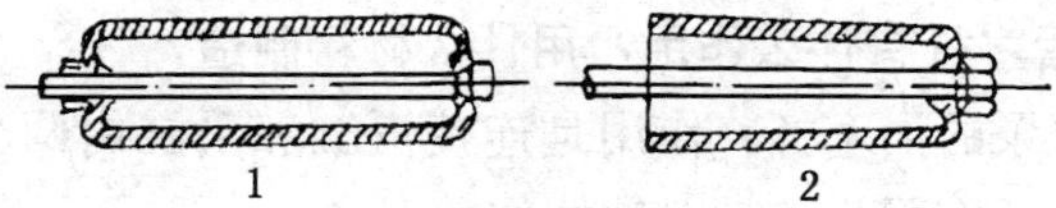

图3-2-3　柱塞

1—闭式；2—开式

5. 往复泵阀门有哪两种？它有什么作用?

往复泵阀门有盘状和球状两种，如图3-2-4。

往复泵所使用的阀门为单向阀。要求要轻巧灵活好用，开启自如，能承受高压，这样才能使液体流过时阻力小。

盘状阀门在工作时，阀门盘紧压在阀门座上，当阀门盘

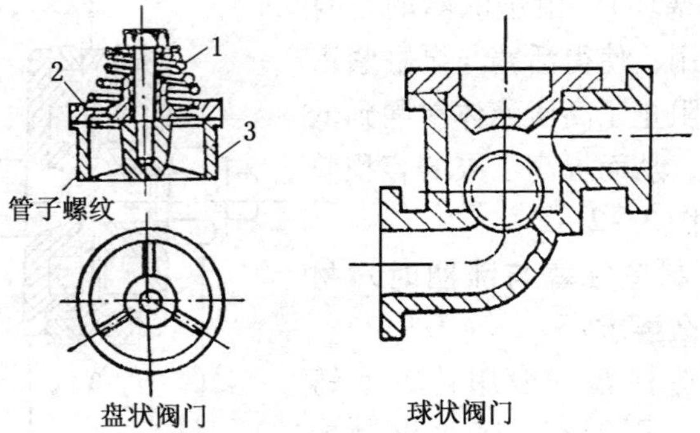

图 3-2-4　往复泵阀门构造

1—弹簧；2—阀门盘；3—阀门座

受到下部来液体的压力后就被顶开而上升，液体就从阀门盘周围流过，当阀门盘上、下液体压力相等时，靠弹簧和阀门盘本身的重量而落在阀门座上。

球状阀门的本身为一个球体。这种阀门可用于输送高粘度或悬浮液时用。

6. 活塞杆有什么作用？用什么材料制造？

往复泵的活塞杆，作用是连接汽缸和泵缸内两个活塞，可使两个活塞同步移动对液体作功。

活塞杆一般用45#钢制成，为了表面光滑，提高耐磨性能和防腐性能，可采用镀防腐材料——镀铬的办法，这样既减小了表面粗糙度，又提高了使用寿命。

7. 举例说明密封有什么作用？

活塞杆和泵缸接触面存有间隙。为了解决高压液体从泵中漏出来或空气进入泵体，影响泵的正常工作，所以必须采用密封的办法消除这种泄漏现象。

通常采用填料密封，如图3－2－5。它主要由填料箱、填料（密封圈）、导向套、压盖和压紧螺母等组成。只有填料与活塞杆表面紧密接触，消除间隙，才能消除泄漏，起到密封作用。

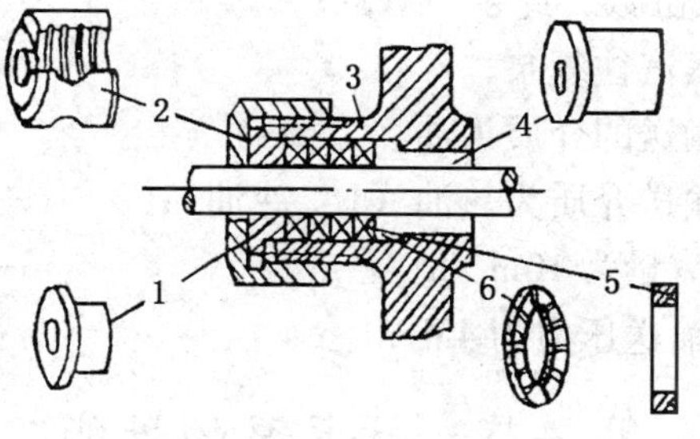

图3－2－5　密封装置

1—压盖；2—压紧螺母；3—填料箱；4—导向套；5—密封圈；6—填料

8. 举例说明往复泵的型号有什么意义？

往复泵的型号一般由六个部分组成。

例1：$2QYR_{25}-10/40$

2：汽缸数，如无数字示为单缸；

Q：以蒸汽为动力；

Y：油泵；

R_{25}：热油泵，下标25为最高温度的1/10；

10：设计流量$10m^3/h$；

40：设计压力4MPa。

例2：2DSJ—2/200

2：汽缸数，无数字为单缸；

D：电动往复泵；

S：输送介质为水；

J：齿轮传动；

2：流量为2m^3/h；

200：输出压力为20MPa。

例3：2QYR—10/40

2：汽缸数，此泵为双缸；

Q：蒸汽往复泵；

Y：输送的介质为油；

R：输送介质为热油（L：冷油）；

10：流量为10m^3/h；

40：输送压力为4MPa。

第三节　往复泵的性能

1. 往复泵的性能有哪些？

往复泵的性能主要指往复泵的流量、扬程、功率、效率等一些基本参数。

2. 什么叫往复泵的流量？

往复泵的流量是指在单位时间内能排出液体的数量，用理论体积流量和实际体积流量表示。

3. 什么叫往复泵的理论体积流量？

往复泵的理论体积流量为活塞的截面积乘活塞的行程乘活塞在单位时间内的往复次数。

所以理论体积流量：

$$Q = S \cdot L \cdot f \tag{3-3-1}$$

式中　Q——理论体积流量，m^3/h；

S——活塞截面积，m^2；

L——活塞行程长度，m；

f——活塞单位时间内的往复次数，min^{-1}。

若已知活塞直径为D，则

$$Q=S\cdot L\cdot f=\frac{\pi}{4}D^2\cdot L\cdot f$$
$$=0.785D^2\cdot L\cdot f \qquad (3-3-2)$$

式中　D——活塞直径，m；

其余意义同前。

4. 什么叫往复泵的效率？

在实际生产中，由于活塞、阀门、填料箱等处不可能密封很严，总会有一定的泄漏；吸入阀、排出阀也不可能很灵活。

所以往复泵的实际流量要小于理论流量。二者之比叫效率：

$$\eta=\frac{Q_1}{Q}\times 100\% \qquad (3-3-3)$$

式中　Q_1——往复泵的实际体积流量，m^3/h；

Q——往复泵的理论体积流量，m^3/h；

η——往复泵的效率，%。

对于构造比较好的大型泵$\eta=0.96\sim0.98$；

对于构造比较好的中型泵$\eta=0.90\sim0.95$；

对于构造比较好的小型泵$\eta=0.84\sim0.89$。

若输送粘度比较大的液体，效率可下降5%～10%。

5. 双作用往复泵的理论体积流量如何计算？

对于双作用往复泵，活塞移动一次排液二次。因为活塞的背面有活塞杆，所以二次排液的数量并不相等，它的总排液量为一次排液量的2倍减去一个活塞杆面积影响的排液量，即：

$$Q=(2S-S_1)\cdot L\cdot f \quad m^3/h \qquad (3-3-4)$$

式中　S_1——活塞杆的面积，m^2；

其余意义同前。

若已知活塞直径为 D，活塞杆直径为 d，

则
$$Q = 0.785(2D^2 - d^2) \cdot L \cdot f \quad (3-3-5)$$

式中　d——活塞杆的直径，m；

其余意义同前。

例：某单缸双作用泵，活塞直径为0.25m，冲程长度为0.30m，双冲程次数 $70h^{-1}$，活塞杆直径为0.055m，输送48℃汽油，相对密度 $d_4^{20} = 0.79$，求理论体积流量？质量流量？

解：已知 $D = 0.25m$，$L = 0.30m$，$f = 70h^{-1}$，$d = 0.055m$

$$Q = (2S - S_1) \cdot L \cdot f$$
$$= 0.785(2D^2 - d^2)L \cdot f$$
$$Q = 0.785 \times (2 \times 0.25^2 - 0.055^2) \times 0.30 \times 70$$
$$= 2.01\ m^3/h$$

汽油相对密度 $d_4^{20} = 0.79$，查得 $d_4^{48} = 0.77$，即 $770kg/m^3$

质量流量 $G = 2.01 \times 770$
$= 1547.7\ kg/h$

6. 什么叫往复泵的扬程？

往复泵在单位时间内活塞能传递给液体的能量，用 H_1 表示，单位为m。用公式表示

即
$$H_1 = h_0 + \frac{p_{表} + p_{真}}{\gamma} + \frac{w_2^2 - w_1^2}{2g} \quad m \quad (3-3-6)$$

式中　h_0——泵出、入口间的位差，m；

$p_{表}$——泵出口压力，MPa；

$p_{真}$——泵入口真空表读数，MPa；

w_2——泵出口体积流速，m/s；

w_1——泵入口体积流速，m/s；

g——重力加速度，m/s^2；

γ——液体密度，kg/m^3。

7. 往复泵的流量与扬程有什么关系？

往复泵为容积式泵，它是依靠工作室容积的变化把机械能转变为静压能而吸入和排出液体的，所以扬程与流量无关，如图 3－3－1。

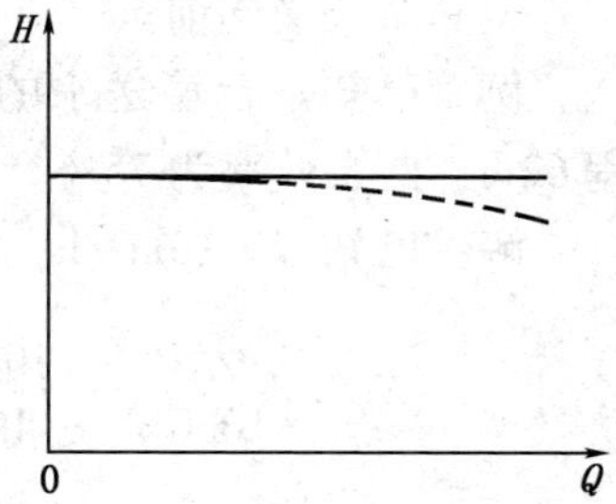

图 3－3－1　往复泵特性曲线

但扬程增加后，填料函、阀、活塞等处的漏量增加，所以排液量稍有下降，如图中虚线所示。正因为往复泵的流量与扬程无关，所以它适合在输送流量并不大而压力很高的地方运行。如输送粘稠液体、泥浆混合液体等。

8. 什么叫往复泵的功率？

往复泵在单位时间内对输送液体所作的功叫功率，泵的有效功率用下列表示：

$$N_1 = \frac{\rho Q_1 g H_1}{1000} \quad kW \qquad (3-3-7)$$

式中　Q——往复泵的体积流量，m^3/s；

H_1——往复泵的扬程，m；

ρ——被输送液体的密度，kg/m^3。

9. 什么叫往复泵的效率？

因泵缸内液体会有不同程度的泄漏，液体在泵缸内流动时会有阻力，填料、活塞杆等处也会有磨损，这些都会产生能量损失，所以泵实际所需要的轴功率大于有效功率，它们之比叫效率，用 η 表示，单位%。

$$\eta = \frac{N_1}{N_{轴}} = \frac{\rho Q g H_1}{1000\ N_{轴}} \qquad (3-3-8)$$

式中 η——往复泵的效率%，一般 η 为 70%～95%之间。

其余意义同前。

例 已知一台输送水的往复泵，生产能力 $10m^3/h$，扬程 62m，此泵效率为 75%，求该泵的轴功率和有效功率？

解：已知 $Q = 10m^3/h$，$H_1 = 62m$，$\eta = 75\%$

$$\therefore \qquad N_{轴} = \frac{\rho Q g H_1}{1000\eta} = \frac{1000 \times 10 \times 9.8 \times 62}{1000 \times 0.75 \times 3600}$$

$$= 2.25\ kW$$

$$N_1 = \eta \cdot N_{轴} = 0.75 \times 2.25 = 1.69\ kW$$

此泵轴功率为 2.25kW，有效功率为 1.69kW。

10. 什么叫往复泵的吸入高度？

往复泵入口处贮罐液面的压强与泵体内的压强差叫往复泵的吸入高度，用 Z 表示，单位为 m。往复泵的吸入高度可用柏努力方程式求得，即：

$$Z = \frac{p - p_1}{r} - \frac{w_1^2}{2g} - h_1 \qquad (3-3-9)$$

式中 Z——往复泵的吸入高度，m；

p——贮罐内的压强，MPa；

p_1——泵体内的压强，MPa；

w_1——泵体内的平均体积流速，m/s；

g——重力加速度，$9.81m/s^2$；

h_1——液体流经吸入导管的摩擦损失，m。

11. 往复泵的吸入高度大小与哪些因素有关?

如果往复泵的入口贮罐是敞开的，则 p 与大气压强和温度高低有关。海拔越高，入口液体的温度越高，大气压强就越小，吸入高度 Z 也就越小。被输送的液体在泵体内产生的压强，不能低于该液体在当时操作温度下的饱和蒸汽压，否则液体会汽化，产生汽蚀。所以液体的饱和蒸汽压随温度的变化而变化，温度越高，蒸汽压越高，p_1 就越大，吸入高度 Z 就越小。如果被输送液体的流量增加，或活塞运动加快都会使 w_1 和 h_1 增加，而吸入高度 Z 减小。如表 3－3－1为吸入高度、水的温度与活塞次数的关系。

为了减少阻力，泵吸入口一般采用大管径。

在安装泵时，实际吸入高度要小于用式 3－3－9 计算出来的数值。

表 3－3－1　往复泵对水的吸入高度

活塞次数/min^{-1}	水的温度/℃						
	0	20	30	40	50	60	70
50	7	6.5	6.0	5.5	4.0	2.5	0
60	6.5	6.0	5.5	5.0	3.5	2.0	0
70	5.5	5.0	4.5	4.0	2.5	1.0	0
120	4.5	4.0	3.5	3.0	1.5	0.5	0
150	3.5	3.0	2.5	2.0	0.5	0	0
180	2.5	2.0	1.5	1.0	0	0	0

第四节　往复泵的运行、调节与操作

1. 往复泵与离心泵在启动时有什么不同?

往复泵是靠活塞的往复运动来输送液体的，它有自吸液体的能力，不论泵内是否有空气，只要将泵启动，泵就能吸入液体和排出液体，所以启动往复泵时必须先打开出口阀，否则会因出口憋压发生操作事故。

离心泵为了使启动电流不至于过大，所以启动离心泵时必须先关死出口阀，等泵运行正常后再开出口阀。离心泵启动前必须使泵体内充满输送液体，不能有空气，否则会产生抽空现象。

2. 往复泵是如何调节流量的？

（1）改变往复泵的活塞冲程长度 L。

（2）改变往复泵的活塞移动次数 f。

（3）调节往复泵进汽阀门开度，增加或减少蒸汽量。

（4）安装有回流系统，即在泵出口管线上安装有回流支路，一旦流量过大，可使一部分液体经回流支路又回到泵的入口。如图3－4－1。

这种办法的操作简单，但使泵的效率降低了，也会浪费能源，因此是不合理的操作方法。

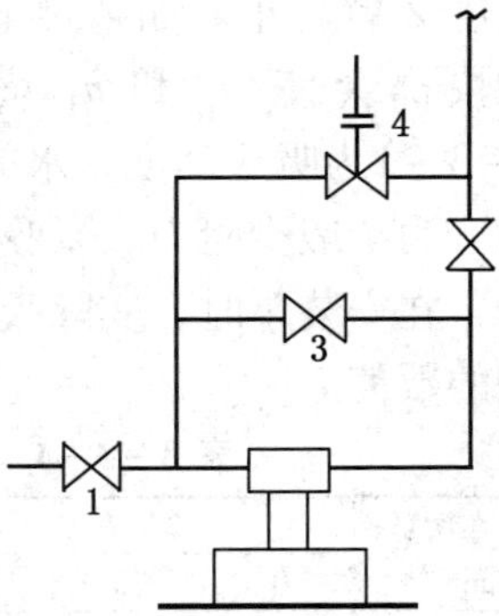

图3－4－1　往复泵回流支路
1—吸入阀；2—排出阀；
3—支路阀；4—安全阀

3. 往复泵的出口管线上为什么必须装有安全阀？

因为往复泵的出口压力一旦超过管线、设备或泵体所承受的最高压力时，会发生操作事故。如果在泵的出口管线上装有安全阀，万一出现超压现象，安全阀会自动起跳，使液体又回到泵入口，就会避免因超压而发生的操作事故。

4. 往复泵启动前要作哪些准备？

（1）检查泵的零部件是否齐全。

（2）检查注油器，看润滑油的上油情况。

（3）清洗润滑油孔，除各接触面的灰尘。

（4）排除汽缸内的冷凝水，打开油缸内的排气阀，之后给少许蒸汽暖缸。

（5）检查盘根的松动、磨损情况。

（6）打开出口阀，打开入口阀。

5. 如何启动往复泵?

（1）引入液体后看泵体的温升变化情况。

（2）打开压力表、安全阀前手阀。

（3）入口蒸汽阀门开大，启动泵，看运行情况。

（4）启动后看流量、压力、泄漏情况。

6. 往复泵在运行中要维护哪些方面?

（1）注油器上油 6 ~8 滴/min 为正常。

（2）出口压力在满足工艺生产情况下不得超压。

（3）看泄漏情况和盘根和磨损情况。

（4）看运行是否正常，是否有抽空或振动情况。

（5）地脚螺丝等是否有松动情况。

（6）润滑油的牌号要符合要求，每天加一次润滑油，保持良好的润滑状态。

（7）坚持润滑油的三级过滤。

7. 如何停运往复泵?

（1）作好停泵前的联系、准备工作。

（2）关蒸汽入口。

（3）关泛汽出口。

（4）关泵的出、入口阀门。

（5）关压力表阀、安全阀。

（6）放掉油缸内压力。

（7）打开汽缸放水阀，排缸内存水。

（8）作好防冻工作，搞好卫生。

8. 如何切换往复泵？

（1）准备启运的泵要作好启动前的各项准备工作。

（2）慢慢给汽，泵启动后慢慢关小运行泵给汽阀。

（3）待切换过来后关死原运行泵的出口、入口阀。

（4）切换泵时的流量、压力不能产生大的波动，不能影响生产的正常进行。

（5）停下来的泵作好维护工作。

第五节　蒸汽往复泵的故障及处理

1. 蒸汽往复泵在运行中容易出现哪些故障？如何处理？

蒸汽往复泵在运行中会出现各种问题，要及时维护，才能保证正常运行。把生产中可能出现问题的现象、原因及处理方法汇总如下，供参考：

现　象	原　因	处理方法
泵走不动	排汽阀开得小，汽缸内有冷凝水，油缸内有压力	开大气阀，放掉缸内的冷凝水，放掉油缸内的压力
	盘根压得过紧	适当放松压盘根的压盖螺丝
	汽缸涨圈断裂	更换涨圈
	汽缸活塞帽或拉杆拧紧的螺帽脱落	拆开汽缸，拧好螺帽
	蒸汽压力不足，推动不了汽缸活塞运行	提高蒸汽压力
	拉杆处于中间位置，错汽阀关闭	调整拉杆位置
	摇臂销子脱落	装好摇臂销子
	涨圈跑出缸套卡死	打开油缸取出活塞，装好涨圈，调整好泵的冲程长度

续表

现　象	原　因	处理方法
泵抽不上量	液体的温度太高，产生汽化；液面过低，吸入气体，产生气阻	降低入口温度，保证液面
	入口管线阀门没开或开得过小，使泵入口无液体	打开进口阀门
	油品粘度太高，进口管路结焦或过滤网堵死	降低油品粘度，清扫管路
	单向阀门弹簧力量不够，使得阀门开度不够	更换单向阀门弹簧，调整阀门片开度
	单向阀门关不严	研磨单向阀门
	油缸与活塞间隙太大，涨圈不严	更换缸套或涨圈
	单向阀门跳出固定位置	调整单向阀门位置
	两台泵串联使用，进口油量不足	改为单机使用进、出口管线，加大进口线路直径
操作中有声音，震动，活塞捣缸	冲程长度过大，汽化抽空，油缸套松动，汽缸冷凝液未排出	减小冲程长度，减少往复次数，顶紧缸套，排出冷凝液体
单向阀门有敲击声	弹簧紧了或断了	检修或更换弹簧
变更冲程时发生敲击声	零件磨损后，十字头中心架连接处松动，摇臂销子磨损	检修
汽缸或错汽阀发生响声	润滑不良，错汽歪斜，涨圈太紧，缸内缺油阀形成干磨	对应检修，增加注油量，加强润滑
错汽阀发生冲击声	进排气不均匀	检查排气孔
法兰漏油漏气	盘根损坏，法兰没上紧，汽油缸法兰中心孔不对中，拉杆磨损，间隙大或表面粗糙	更换盘根，上紧法兰，加入盘根，校正油、汽缸中心，更换或磨光拉杆
压力不稳，打不上压力	单向阀门不严，涨圈在槽内不灵活，压力表失灵，缸套磨损，间隙太大，单向阀门垫片损坏	研磨单向阀门，修理或更换涨圈，更换压力表或缸套，更换垫片

续表

现　　象	原　　因	处 理 方 法
汽缸拉杆过热	注油器单向阀不严,串汽,润滑油不足,盘根过紧	修理单向阀，加足润滑油，松格兰
流量打得少	阀不严,涨圈或缸套间隙太大,泵的冲程次数太少,冲程太短	研磨阀,更换缸套或涨圈调节冲程次数,调节冲程长度
活塞撞缸	突然抽空,冲程太长,缸套太短	调节操作，调整或更换拉杆，更换缸套

第六节　蒸汽往复泵的维修

1. 蒸汽往复泵的维修周期有多长?

蒸汽往复泵的维修分为中修和大修两种。

(1)中修周期为 6 个月，即泵连续运转 4320h。

(2）大修周期为 12 个月，即泵连续运转 8640h。

如果该泵输送的是腐蚀介质，则中修、大修时间根据腐蚀情况可缩短。

2. 蒸汽往复泵中修内容是什么?

(1）检修轴封和填料，如果磨损严重时可更换。

(2）检修汽缸内的错汽阀等配汽机构。

(3）检修出、入口阀门，解决泄漏问题。

(4）检查油杯、销子、注油器的完好情况。

(5）检查油缸的完好情况和腐蚀、磨损情况。

(6）检查地脚螺栓、各连接螺丝的紧固情况。

3. 蒸汽往复泵大修内容是什么?

(1）中修的全部内容。

(2）检修或更换活塞、涨圈、活塞杆、格兰等。

（3）检修汽缸、油缸等泵上的所有零部件，如果腐蚀、磨损严重时必须更换，保证维修后的完好状态。

（4）认真检查好泵缸、汽缸的同心度，如果不同心可研磨或更换。

大修时一定严格掌握标准，才能保证泵的长周期运行。

4. 检修蒸汽往复泵汽缸时的标准是什么？

汽缸内壁表面光滑、无伤痕、无裂纹等，汽缸的内径椭圆度、锥度应符合表 3－6－1 标准要求，如果有问题须认真处理，严重时可更换。

表 3－6－1　汽缸椭圆度、锥度（mm）

汽缸内径	汽缸内径最大增大值	安装要求		磨损极限	
		椭圆度	锥度	椭圆度	锥度
<100	1.5	0.02	0.05	0.55	0.25
100～150	1.5～2.0	0.03	0.07	0.60	0.35
150～300	2.0～3.0	0.03	0.07	0.65	0.35
300～400	3.0～4.0	0.04	0.09	0.80	0.40
400～500	4.0～5.0	0.04	0.09	0.90	0.60

5. 检修蒸汽往复泵活塞时的标准是什么？

检修活塞时的椭圆度、锥度应符合表 3－6－2 要求。

表 3－6－2　活塞椭圆度、锥度（mm）

活塞直径	安装要求		磨损极限	
	椭圆度	锥　度	椭圆度	锥　度
<200	0.03	0.025	0.15	0.20
200～400	0.04	0.03	0.25	0.30

6. 检修蒸汽往复泵汽缸、活塞间隙时的标准是什么？

检修蒸汽往复泵时，汽缸、活塞间隙应符合表 3－6－3 要求。

表 3-6-3 汽缸、活塞间隙（mm）

汽缸直径	安装间隙	更换间隙
<50	0.20	0.70
50~75	0.20	0.70
75~100	0.30	0.90
100~125	0.35	1.20
125~150	0.35	1.40
150~200	0.40	1.60
200~250	0.45	1.80
250~300	0.50	2.30
300~350	0.55	2.80
350~400	0.60	3.30
400~500	0.70	3.50

7. 检修蒸汽往复泵活塞环时的标准是什么？

检修蒸汽往复泵的活塞环时，活塞环安装在活塞上，它的厚度应小于槽深0.4~0.9mm，活塞环的开口方位应错开45°~180°。

8. 检修蒸汽往复泵活塞杆时的标准是什么？

检修蒸汽往复泵的活塞杆可能发生任何原因的形变，可能有纵向槽沟，与格兰的径向间隙应符合表3-6-5要求。

9. 检修蒸汽往复泵活塞与活塞杆装配时有什么要求？

表 3-6-4 活塞环安装间隙、磨损极限（mm）

汽缸直径	安装间隙		磨损极限	
	对口间隙	槽中侧间隙	对口间隙	槽中侧间隙
<100	0.50	0.04~0.05	2.4	0.15
100~125	0.70	0.04~0.05	2.80	0.15
125~150	0.90	0.04~0.06	3.2	0.15
150~200	1.10	0.04~0.06	3.8	0.20
200~250	1.30	0.05~0.08	4.20	0.20
250~300	1.50	0.05~0.08	4.5	0.20
300~350	1.70	0.05~0.08	5.0	0.20
350~400	1.90	0.06~0.09	5.5	0.20
400~450	2.10	0.06~0.11	6.0	0.20
450~500	2.4	0.06~0.11	6.5	0.20

表 3-6-5 活塞杆、格兰间隙（mm）

汽缸直径	安装间隙	更换间隙
<100	0.25	1.30
100~150	0.30	1.80
150~200	0.35	2.30
200~250	0.40	2.80
250~300	0.45	3.40
300~350	0.50	3.80
350~400	0.55	4.40
400~450	0.60	4.80
450~500	0.65	5.40

检修蒸汽往复泵的活塞与活塞杆后，装配时端面与轴线应垂直，斜度要小于活塞杆直径的千分之一左右。

10. 检修蒸汽往复泵的平板配汽阀时的标准是什么？

（1）阀的接触面要光滑，用显示剂检查，每平方厘米不少于3~4个印痕。

（2）配汽拉杆应完好无损，螺丝紧固，不能有松动现象。

（3）滑块轴销椭圆度小于0.5mm。

（4）拉杆椭圆度与磨损极限应符合表3-6-6要求。

表 3-6-6 椭圆度与磨损极限（mm）

拉杆直径	允许偏差	最大磨损极限	
		全长直径不等值	椭圆度
<30	±0.02	0.23	0.12
30~50	±0.03	0.25	0.18
50~60	±0.04	0.32	0.23
>60	±0.05	0.35	0.35

11. 检修蒸汽往复泵的圆滚配汽阀时的标准是什么？

（1）汽滚帽和汽滚的椭圆度及锥度不大于0.025mm，

最大磨损不大于0.045mm。

（2）汽滚帽和汽滚间隙为0.07～0.09mm，磨损间隙不大于0.13mm。

（3）汽滚和汽滚的表面应光滑无伤痕，无裂纹，可允许有磨损沟，但必须小于0.15mm。

（4）汽滚和配汽滑块间隙为0.05～0.09mm，二者接触要均匀，用显示剂检查不少于每平方厘米3个印痕。

12. 检修蒸汽往复泵油缸时的标准是什么?

（1）检查新的油缸内表面光滑，无疤痕，无裂纹，无沟槽等，符合表3－6－7要求。

表3－6－7　油缸磨损沟槽深度（mm）

油缸内径	磨损极限
100～200	0.25
200～300	0.40
300～400	0.70

（2）新油缸材料、几何尺寸、地脚螺丝等同原缸。

13. 检修蒸汽往复泵的油缸与活塞间隙时的标准是什么?

（1）检查活塞在油缸内的上、下死点系隙应相等，否则应调整一样。

（2）油缸与活塞间隙同表3－6－3的要求，二者的最大磨损间隙符合表3－6－8要求。

表3－6－8　油缸、活塞磨损间隙（mm）

介质	更换间隙
轻质油	0.5～0.9
重质油	0.9～1.1

14. 检修蒸汽往复泵阀时的标准是什么？

（1）阀片与阀座接触光滑无孔、缝等，用煤油试验5分钟不漏油。

（2）阀片、阀座无磨损、无腐蚀。

（3）各阀片的起落高度应相等，相差不大于3%。

（4）阀片弹簧的中心柱，无丝扣不大于0.5mm。

（5）阀片与阀座接触面为一圈，阀座的固定螺丝不得松动。

（6）弹簧的圈数、弹力、高度符合要求。

（7）阀质量与原质量相差符合表3-6-9要求。

表3-6-9 阀与原质量之差（kg）

阀质量	与原质量差
<0.5	7%
0.5~0.8	6%
0.8~1.3	5.5%
>1.3	5%

15. 检修蒸汽往复泵后试车时须注意什么问题？

空运行时：

（1）检查各检修项目是否完成，是否符合要求。

（2）空运时汽、油缸无撞击声，运行平稳。

（3）配汽机构灵活，无异常现象。

（4）注油器运行正常，能保证润滑。

（5）各连接螺丝紧固不松动，传动部件工作正常。

带负荷运行：

经过空运后无异常现象时可带负荷运行。

（1）打开入口阀，引入介质。

（2）泵的出口压力符合要求，运行平稳无波动。

（3）冷却水系统、封油系统的供应正常。

（4）对热油泵先进行预热，泵体温度与介质温度差≯50℃。

（5）冷油泵慢慢引汽暖缸，温度升高后再开始运行。

（6）配汽机构、格兰等不泄漏。

（7）格兰漏油标准：轻油≯20滴/min，重油≯15滴/min。

（8）试泵后停运时排汽缸内存水，作好防冻保温工作。

（9）作好试运记录。

第四章　真空泵

第一节　真空泵的工作原理

1. 真空泵有什么作用？炼油厂常用的真空泵有哪几种？

真空泵是为了给设备或容器内造成一种真空状态，使之在低于外界大气压或高度真空状态下工作。

炼油厂常用的真空泵有蒸汽喷射真空泵，水环式真空泵和往复式真空泵等。

2. 蒸汽喷射真空泵的工作原理是什么？

蒸汽喷射真空泵的构造如图4－1－1。

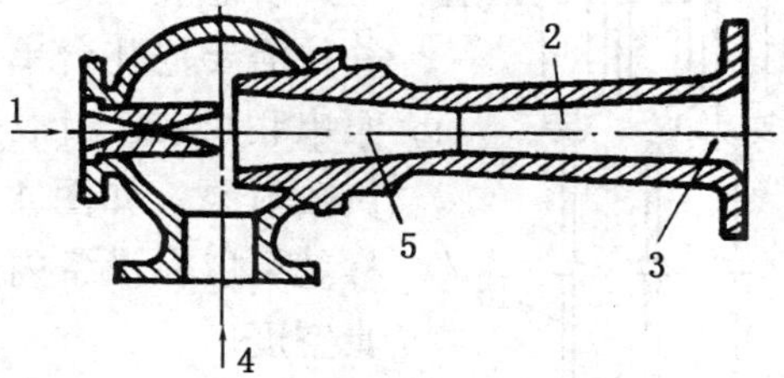

图4－1－1　单级蒸汽喷射泵

1—蒸汽；2—扩大室；3—压出室；

4—气体入口；5—混合室

它由喷嘴、混合室、扩大室和压出口等组成。

在工作中，水蒸气以高速（1200～1500m/s）自喷嘴喷入混合室，这时在喷嘴处产生一定的负压，于是被抽气体由气体入口处冲入混合室，与水蒸气混合，并且从水蒸气中得到部分能量。

当混合气流进入扩压室后，速度沿轴线流向逐渐减低，而压力则沿轴线流向逐渐升高，直至大于外界大气压时排出去。由于连续不断的工作，设备中的气体不断的被抽出，所以就给设备内造成一种真空（负压）状态。

3. 蒸汽喷射真空泵有什么特点？

蒸汽喷射真空泵是以水蒸气的高速度把被抽气体夹带出来的，所以它具有抽气量大、真空度高、制造简单、安装和维修都比较方便等特点，目前炼油厂的减压蒸馏装置所使用的真空泵多为蒸汽喷射真空泵。

4. 什么叫多级喷射真空泵？

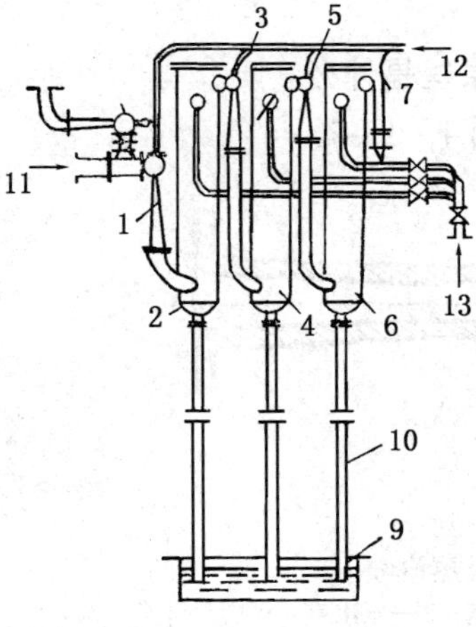

图 4－1－2　三级蒸汽喷射泵

1—第一级喷射泵；2、4、6—冷凝器；3—第二级喷射泵；5—第三级喷射泵；7—真空泵；8—辅助喷射泵；9—水池；10—大气腿；11—气体入口；12—蒸汽；13—水

单级喷射真空泵，只能产生绝对压强比较高的压力（约13.3kPa），为了满足工艺要求，若想得到更高的真空度，往往需要把几台单级蒸汽喷射泵串联起来，组成一个多级蒸汽喷射泵，如图 4－1－2。这样就可以在设备内产生更高的真空度。

5. 三级喷射真空泵是如何工作的？

如图 4－1－2 所示，高压的工作蒸汽与从气体吸入口来的气体进入一级喷射泵，产生的混合气流经冷凝器 2，使蒸汽及部分气体冷凝，不凝气体再进入二级喷射泵3，产生的混合气流经冷凝器4，使蒸汽及部分气体冷凝，不凝气体再进入三级喷射泵5，产生的混合气流经冷凝器6，最后不凝气体由真空泵7排至大气。为了增加启动速度，在一级喷射泵旁增加一个辅助喷射泵8。各冷凝器使用的冷却介质为新鲜水，经过2、4、6各级冷凝器冷凝下来的水蒸气及部分气体与冷却介质直接接触，由大气腿(导管)10排至槽9。

如果混合气流与冷却介质不直接接触，则这些冷却介质(新鲜水)经冷却后可循环使用。若直接接触，则含油污水很难处理，也污染环境。

6. 水环式真空泵的构造怎样?

水环式真空泵构造如图4-1-3。它由泵壳、叶轮、水环、吸入室、排出室、排气孔等组成。

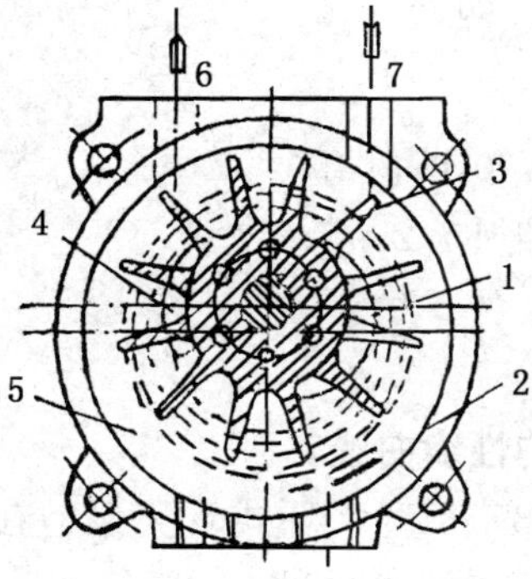

图4-1-3 水环式真空泵构造图

1—吸入室；2—泵壳；3—叶轮；4—排出室；5—水环；6—排气孔；7—进气孔

7. 水环式真空泵的工作原理是什么?

叶轮3偏心的装在泵壳内，在叶轮上装有许多叶片。在启动泵之前，先向泵壳内装约一半的水，启动泵时，叶轮顺时针方向旋转，水被叶轮带动形成水环并离开中心，这时泵体空间被叶片分割成许多大小不等的小室，由于水的活塞作用，叶轮右侧小室逐渐扩大，压力降低，被抽气体由进气口进入吸入室；叶轮左侧小室逐渐缩小，压力升高，气体便从排出室经排气口排出。就这样，由于叶轮不停地转动，气体就不停地吸入和排出了，真空度可达67～80kPa。

8. 水环式真空泵的特点是什么?

水环式真空泵的构造简单，结构紧凑，无机械磨损，无润滑，设备的使用寿命长，经久耐用，操作简单，转速高，适用于抽无颗粒、无腐蚀、不溶于水的气体。但这种真空泵的效率比较低，只有 30% ~60% 。

在运行中，因排出气体的同时也会带走一部分水，为了保持泵内水环的活塞作用，必须定时向泵内补充水，操作温度不能大于 60℃。

9. 水环式真空泵的型号有什么意义?

我国生产的水环式真空泵，系列代号为 SZ，表示水、真二字汉语拼音第一个字母组合。如

S Z B—4

4——真空度为 70kPa 时 4l/s

B——悬臂式,此处为 Z 表示直立式

Z——真空泵

S——水环式

10. 举例说明水环式真空泵的性能曲线?

图 4 - 1 - 4 为 SZB - 4 和 SZB - 8 型水环式真空泵，在不同真空度下的抽气量和功率之间的性能曲线。

例如：在 450mmHg(60kPa)时，SZB - 4 型水环式真空泵的抽气量为 5.2 l/s，功率为 1.2kW。

在 450mmHg(60kPa)时 SZB - 8 型水环式真空泵的抽气量为 10.3 l/s，功率为 2kW。

11. 往复式真空泵的构造怎样?

往复式真空泵也叫活塞式真空泵，它的构造与往复式压缩机基本相同。即由活塞、气阀、汽缸、泵体、十字头、连杆、阀杆和曲轴等主要部件组成，如图 4 - 1 - 5。

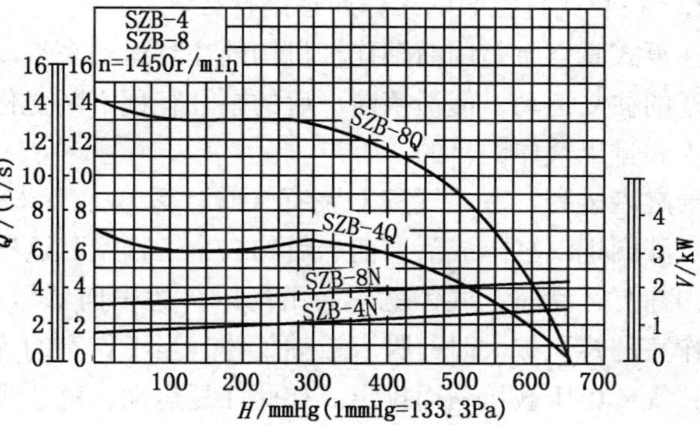

图 4-1-4　SZB-4 和 SZB-8 型真空泵的性能曲线

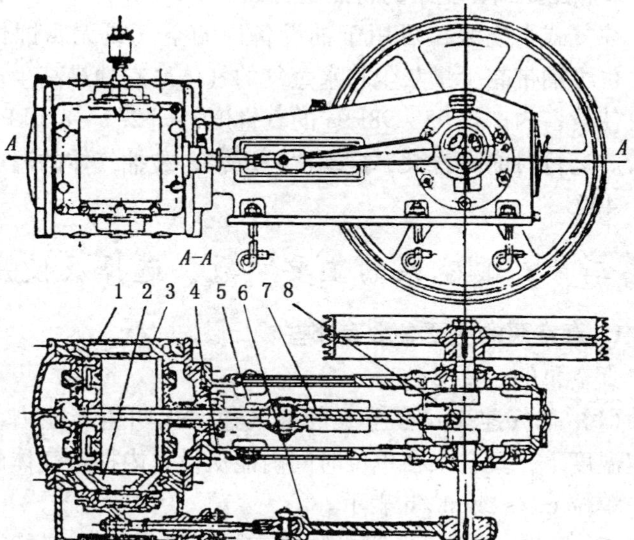

图 4-1-5　往复式真空泵构造图

1—活塞；2—气阀；3—汽缸；4—泵体；

5—十字头；6—阀杆；7—连杆；8—曲轴

12. 往复式真空泵的工作原理是什么？

往复式真空泵是用曲轴连杆机构的往复运动来带动泵缸内活塞的往复运动，使活塞前、后的泵缸容积不断变化，达到吸入和排出气体的目的。

气缸内铸有气室，气室上装有气阀，活塞上装 2~3 个涨圈，涨圈把汽缸隔成活塞前、后的二个工作室，这样活塞在缸内往复运动时，气体就不会由高压一边串向低压一边。当工作室的容积扩大时，吸入被抽气体，当工作室的容积缩小时，气体由于被压缩而排出。如此往复运动，就达到了使设备内产生真空的目的。

13. 往复式真空泵的特点是什么？

往复式真空泵，可用于抽设备内的空气或无腐蚀性气体，也可抽带有少量灰尘和水蒸气的气体。它的最高生产能力可使设备内产生 93~98kPa 的真空度，即 2.7~8.0kPa 的残压。运行时的噪音大，振动比较厉害，被抽气体的温度不大于 40℃。

第二节 真空泵的主要参数、选择及使用

1. 真空泵的主要参数有哪些？

真空泵的主要参数有：

（1）抽气速率：真空泵的抽气速率也叫生产能力，在一定温度下，真空泵在单位时间内能从设备内抽走气体的体积，单位 m^3/s 或 m^3/h 表示。

（2）残余压力：也叫极限真空即真空泵能达到稳定状态下的最低压力，单位“Torr”或％表示。1Torr = 1/760atm = 133.3Pa。

（3）抽气量：在一定温度下，真空泵在单位时间内能

从设备内抽走指定气体量叫抽气量，单位 m^3/h。

（4）起动压力：真空泵开始工作时的压力。

2. 往复式真空泵、水环式真空泵的主要性能怎样？

往复式真空泵、水环式真空泵的主要性能见表 4－2－1。

表 4－2－1　真空泵的性能

类别	型号	抽气速率/(l/s)	残余压力/kPa	吸气口直径/mm	配电机功率/kW
往复式真空泵	W1	17	1.3	38	2.2
	W2	35	1.3	50	4
	W3	55	1.3	50	5.5
	W4	100	1.3	75	10
	W5	210	1.3	125	22
水环式真空泵	SZ－1	25	16.2		4
	SZ－2	56	13.0		10
	SZ－3	190	8.0	125	30
	SZ－4	450	7.0	200	70

3. 选择真空泵有哪些原则？

（1）真空泵的结构：抽腐蚀性气体，必须要求真空泵用耐腐蚀材料或衬耐腐蚀材料制成。抽与油起作用的气体，不能选择使用润滑油的真空泵。

（2）满足工艺要求：如减压塔顶不凝气体的量很大，必须选用蒸汽喷射真空泵，因为它具有真空度高，结构简单，操作方便等特点，在减压塔内造成很高真空，有利于在减压下分馏，保证了产品质量。

（3）足够的抽气速率：在允许的时间内，能把需要抽走的气体抽出，才能保证生产的正常进行。

（4）工作时间：连续工作时间能保证一个工艺循环的基本要求，不能因为连续工作时间短而影响生产。

第三节　真空泵的故障及处理

1. 往复式真空泵容易出现哪些故障？如何处理？

往复式真空泵容易出现故障的现象、原因及处理方法，整理成下表，供参考：

故障现象	产生原因	消除方法
真空度低	（1）吸入气体温度太高	加冷却装置冷却气体
	（2）气阀片与阀座接触不良	进行研磨
	（3）气阀片坏	更换
	（4）气缸磨坏或活塞环太松	修理气缸，更换活塞环
运转中有冲击声	（1）活塞杆螺帽松动	将螺帽拧紧
	（2）连杆上衬或十字头销磨损或松动	更换衬套，并将销维修
	（3）连杆轴承太松	去掉垫片与轴颈研合
	（4）偏心圈太松，发生冲击	抽去垫片调整
	（5）偏心圈连杆销松动	更换销衬
电机超负荷	（1）偏心圈或偏心轮摩擦发生高热，致使电机过负荷	若缺油造成则加油，若配合过紧则研磨或换垫片
	（2）连杆轴瓦发生高热	因缺油造成则加油，配合过紧则研磨
	（3）十字头发生高热	检查润滑是否良好，机身安装是否平直

2. 水环式真空泵容易出现哪些故障？如何处理？

水环式真空泵容易出现故障的现象、原因及处理方法，整理成下表，供参考：

故障现象	产生原因	消除方法
真空度低	（1）管道密封不严，有漏气	把紧螺丝，更换垫片
	（2）密封填料磨损	更换填料，加强泵的维护，运转泵更换1～2次/月
	（3）叶轮或端盖间隙大	拆开调整间隙，中小型泵间隙0.15mm，大型泵0.2mm
	（4）水环温度，一般≯40℃	增加水量，降低进水温度
抽气量不足	（1）泵转速低	若是电机问题则换电机，若电压低，则提高电压
	（2）叶轮或端盖间隙大	去掉端盖和泵体衬垫，消除间隙
	（3）填料密封漏气	更换填料
	（4）吸入管漏气	把紧法兰，换垫片
	（5）供水量不足，形不成水环	增加供水
	（6）水环温度过高	增加供水量，降低水温
零件发生高热	（1）个别零件精度不够	更换不合格的零件
	（2）零件装配不对	重新校正
	（3）润滑油不足或质量不好	增加润滑油，更换合格的油
	（4）密封冷却水或水环水量不足	增加水量
	（5）轴密封填料过紧	适当调整
	（6）转子不正	校对
	（7）轴弯曲	校对调直或更换

附录一　常用法定计量单位与非法定计量单位换算表

量的名称	法定计量单位符号	非法定计量单位符号	换算系数举例
长度	米 m	英寸 in	1in = 25.4mm
面积	米² m^2	英寸² in^2	$1in^2 = 645.16mm^2$
力	牛顿 N	公斤力 kgf	1kgf = 9.80665N
压力	帕斯卡 Pa ($Pa = N/m^2$)	工程大气压 at 公斤力/厘米² kgf/cm^2 毫米水柱 mmH_2O 毫米汞柱 mmHg	$1kgf/m^2 = 98.0665kPa$ $1mmH_2O = 9.80665Pa$ 1mmHg = 133.322Pa
温度	开尔文 K 摄氏度 ℃	华氏度 ℉	$K = \frac{5}{9}(℉ + 459.67)$（换算式） 1℉ = (5/9)K（温度差） K = ℃ + 273.15（换算式）
运动粘度	米²/秒 m^2/s	厘沲 cSt	$1cSt = 10^{-6}m^2/s$

附录二 常用法定计量单位与不同单位制的换算表

量的名称	量的符号	单位名称	单位符号	换 算 关 系
长度	1·(L)	米	m	1 米 = 10^{-3} 千米(km) = 1×10^{2} 厘米(cm) = 1×10^{3} 毫米(mm) = 3 市尺
质量 重量	m	千克(公斤)	kg	1 千克 = 1000 克(g) = 1×10^{-2} 吨(t) = 2 市斤
时间	t	秒	s	1 分(min) = 60 秒(s) 1 小时(h) = 3600 秒(s) 1 天(d) = 86400 秒(s)
热力学温度	T	开〔尔文〕	K	1 开 = 273 + t℃
摄氏温度	t,θ	摄氏度	℃	
动力粘度	η(μ)	帕〔斯卡〕秒	Pa·s	1 帕·秒 = 10 泊(P) = 1×10^{3} 厘泊(cP) = 0.102 千克力·秒/米²(kgf·s/m²)
运动粘度	υ	二次方米每秒	m^2/s	1 米²/秒 = 1×10^{4} 厘米²/秒(斯托克斯) 即 $1m^2/s = 1\times10^{4}St$

续表

量的名称	量的符号	单位名称	单位符号	换算关系
转速	n	每秒	s^{-1}	1 转/分(r/min) = 1/60 秒(s^{-1})
能量 功 热	W(A) E(W) Q	焦[尔]	J	1 电子伏(eV) ≈ 1.6022×10^{-19} 1 千瓦小时(kW·h) = 3.6×10^{5} 焦(J) 1 卡[路里](cal) = 4.1868 焦(J) 1 尔格(erg) = 10^{-7} 焦(J) 1 千克力米(kgf·m) = 9.80665 焦(J)
功率	Q(N)	瓦[特]	W	1 千克力米/秒(kgf·m/s) = 9.80665 瓦(W) 1 公制马力(hp) = 735.5 瓦(W) = 75 千克力·米/秒(kgf·m/s) 1 千瓦(kW) = 1000 瓦(W)
面积	A(s)	平方米	m^2	1 平方米(m^2) = 1×10^{4} 厘米^2(cm^2) 1 公亩(a) = 100 米^2(m^2)
体积	V	立方米	m^3	1 升(L) = 1 分米^3(dm^3) = 10^{-3} 米^3(m^3)
速度	u、v、w、c	米每秒	m/s	1 米/秒(m/s) = 100 厘米/秒(cm/s) = 60 米/分(m/min)

续表

量的名称	量的符号	单位名称	单位符号	换算关系
加速度 标准重力加速度	a g	米每二次方秒 米每二次方秒	m/s^2	1 米/秒^2(m/s^2) = 100 厘米/秒^2(cm/s^2) 9.80665 米/秒^2(m/s^2)
力 重力	F W (P,G)	牛〔顿〕	N	1 牛(N) = 0.102 千克力(kg·f) = 1×10^5 达因(dyn) 1 吨力(tf) = 10^3 千克力(kgf) = 9.80665×10^3 牛(N)
压力 压强 应力	P	帕〔斯卡〕 兆帕	Pa MPa	1 牛顿/米^2(N/m^2) = 1 帕斯卡(Pa) 1 帕(Pa) = 10^{-5} 巴(bar) = 1.02×10^{-5} 千克力/厘米^2(kgf/cm^2) = 0.102 毫米水柱(mmH_2O) 1 工程大气压(at) = 1kgf/cm^2 = 0.98 × 0.1MPa 1 标准大气压(atm) = 101325 帕(Pa)
密度	ρ	千克每立方米	kg/m^3	1 千克/米^3(kg/m^3) = 1.0×10^{-3} 千克/升(kg/L) = 1.0×10^{-3} 克/厘米^3(g/cm^3)

注:压力单位过去在工程上常用为千克力/厘米^2,现改用法定压力单位为兆帕(MPa),换算关系为

1 千克力/厘米^2 = 0.98×10^5 帕 = 0.98 × 0.1 兆帕

国内生产的压力表多为用两种单位标记。

附录三　单位换算

1. 长度单位换算表

m	cm	mm	市尺	ft	in
1	100	1000	3	3.28084	39.3701
0.01	1	10	0.03	0.03281	0.3937
0.001	0.1	1	0.003	0.00328	0.0394
0.33333	33.333	333.33	1	1.09361	13.1234
0.3048	30.48	304.8	0.9144	1	12
0.0254	2.54	25.4	0.0762	0.08333	1

2. 面积单位换算表

m^2	cm^2	mm^2	平方市尺	ft^2	in^2
1	10000	1000000	9	10.7639	1550
0.0001	1	100	0.0009	0.001077	0.1550
0.000001	0.01	1	0.000009	0.000011	0.00155
0.111111	1111.11	111111.11	1	1.195989	172.23
0.092903	929.03	92903	0.836127	1	144
0.000645	6.4516	645.16	0.005806	0.006944	1

3. 体积单位换算表

ml	l	m^3	in^3	ft^3	gal(美)	bbl(石油)
1	10^{-3}	10^{-6}	6.1×10^{-2}	3.53×10^{-5}	2.64×10^{-4}	6.29×10^{-6}
10^3	1	10^{-3}	61.03	3.53×10^{-2}	0.264	6.29×10^{-3}
10^6	10^3	1	6.1×10^4	35.32	2.64×10^2	6.29
16.387	1.64×10^{-2}	1.64×10^{-5}	1	5.79×10^{-4}	4.33×10^{-3}	1.03×10^{-4}
2.83×10^4	28.32	2.83×10^{-2}	1728	1	7.48	0.178
3.79×10^3	3.785	3.79×10^{-3}	231	0.134	1	2.38×10^{-2}
1.59×10^{-5}	159	0.159	9.7×10^3	5.615	42	1

4. 质量单位换算表

g	kg	lb	t
1	10^{-3}	2.205×10^{-3}	10^{-6}
10^3	1	2.205	10^{-3}
453.6	0.4536	1	4.536×10^{-4}
10^6	10^3	2.205×10^3	1
1.016×10^6	1.016×10^3	2.24×10^3	1.016
9.072×10^5	9.072×10^2	2×10^3	0.907

5. 密度单位换算表

g/cm^3	1	10^{-3}	27.68	1.602×10^{-2}	0.1198
kg/cm^3	10^{-3}	1	2.768×10^4	16.02	119.8

6. 压力单位换算表

kgf/cm^2	atm	(0℃)mmHg	(15℃)mH_2O
1	0.9678	735.5	10.01
7.03×10^{-2}	6.8×10^{-2}	51.75	0.7037
1.0333	1	0.76	10.34
1.360×10^{-3}	1.316×10^{-3}	1	0.1361
9.99×10^{-2}	9.67×10^{-2}	73.46	1

7. 速度单位换算表

m/s	m/min	km/h	ft/s	ft/min
1	60	3.6	3.28084	1.96850×10^{-2}
1.6667×10^{-2}	1	6×10^{-2}	5.468×10^{-2}	3.280
0.27778	16.6667	1	0.91135	54.6811
0.30480	18.2880	1.09728	1	60
5.0801×10^{-3}	0.30480	1.8288×10^{-2}	1.6667×10^{-2}	1

8. 体积流速单位换算表

l/s	l/min	m^3/h	m^3/min	m^3/s
1	60	3.6	6×10^{-2}	10^{-3}
1.6667×10^{-2}	1	6×10^{-2}	10^{-3}	1.6667×10^{-5}
0.27778	16.667	1	1.6667×10^{-2}	2.7778×10^{-4}
16.667	10^3	60	1	1.6667×10^{-2}
10^3	6×10^4	3.6×10^3	60	1

9. 质量流速单位换算表

kg/s	kg/h	t/h	t/d	t/a (8000h)
1	3.6×10^3	3.6	86.4	2.88×10^4
2.7778×10^{-4}	1	10^{-3}	2.4×10^{-2}	8
0.27778	10^3	1	24	8×10^3
1.1574×10^{-2}	41.6667	4.1666×10^{-2}	1	3.3333×10^2
3.4723×10^{-5}	0.125	1.25×10^{-4}	3×10^{-3}	1

10. 毫米汞柱与毫米水柱的换算表

mmH_2O	mmHg	mmH_2O	mmHg	mmH_2O	mmHg	mmH_2O	mmHg
1000	73.55	100	7.36	10	0.74	1	0.07
2000	147.11	200	14.71	20	1.47	2	0.15
3000	220.66	300	22.07	30	2.21	3	0.22
4000	294.22	400	29.42	40	2.94	4	0.29
5000	367.77	500	36.78	50	3.68	5	0.37
6000	441.32	600	44.13	60	4.41	6	0.44
7000	514.88	700	51.49	70	5.15	7	0.52
8000	588.54	800	58.85	80	5.89	8	0.59
9000	661.94	900	66.19	90	6.62	9	0.66
10000	735.54	1000	73.55	100	7.36	10	0.74

mmHg	mmH_2O	mmHg	mmH_2O	mmHg	mmH_2O
100	1360	10	136	1	13.6
200	2719	20	272	2	27.2
300	4079	30	408	3	40.8
400	5438	40	544	4	54.4
500	6798	50	680	5	68.0
600	8157	60	816	6	81.6
700	9517	70	952	7	95.2
800	10876	80	1088	8	108.8
900	12235	90	1224	9	122.4
1000	13693	100	1369	10	136.9

附录四　水和空气的密度与粘度

（$p=1.01\mathrm{MPa}$　$t=0\sim100℃$时）

温度/℃	密度/（kg/m³）		运动粘度/（cm²/s）	
	空气	水	空气	水
0	1.293	999.87	0.137	0.0178
4	1.273	1000.00	0.141	0.0156
10	1.247	999.73	0.147	0.0131
15	1.226	999.12	0.152	0.01141
20	1.205	998.23	0.157	0.0101
30	1.165	995.37	0.166	0.0080
40	1.128	992.24	0.176	0.0066
60	1.060	983.24	0.196	0.0045
80	1.000	971.83	0.217	0.0035
100	0.945	958.38	0.238	0.0027

附录五　常用物质的理化性质

1. 气体的相对密度和比容

气体	分子式	分子量	密度(10℃，760 毫米汞柱)/(kg/m^3)	对空气的相对密度	比容/(m^3/kg)
甲烷	CH_4	16	0.717	0.555	1.395
乙烷	C_2H_6	30.1	1.356	1.049	0.737
丙烷	C_3H_8	44.1	2.004	1.550	0.496
正丁烷	C_4H_{10}	58.1	2.703	2.091	0.378
乙烯	C_2H_4	28.1	1.261	0.975	0.792
丙烯	C_3H_6	42.1	1.915	1.481	0.516
乙炔	C_2H_2	26	1.171	0.906	0.860
二氧化碳	CO_2	44	1.977	1.529	0.506
一氧化碳	CO	28	1.250	0.967	0.800
硫化氢	H_2S	34.1	1.54	1.191	0.65
氧	O_2	32	1.429	1.105	0.700
氮(空气中)	N_2	28	1.251～1.257	0.967～0.972	0.799～0.796
氢	H_2	2	0.0899	0.0695	11.13
干燥空气	—	29	1.293	1.000	0.772
水蒸气	H_2O	18.02	0.768	0.594	1.24

2. 20℃时硫酸密度及含量表

密度（20℃）/（kg/m^3）	H_2SO_4浓度/%	H_2SO_4浓度/（g/l）	密度（20℃）/（kg/m^3）	H_2SO_4浓度/%	H_2SO_4浓度/（g/l）
1005	1	10.05	1147	21	240.9
1012	2	20.24	1155	22	254.1
1018	3	30.55	1163	23	267.4
1025	4	41.00	1170	24	280.9
1032	5	51.58	1778	25	294.6
1038	6	62.31	1186	26	308.4
1045	7	73.17	1194	27	322.4
1052	8	84.18	1202	28	336.6
1059	9	95.32	1210	29	351.0
1066	10	106.60	1219	30	365.6
1073	11	118.00	1227	31	380.3
1080	12	129.6	1235	32	395.2
1087	13	141.4	1243	33	410.3
1095	14	153.30	1252	34	425.5
1102	15	165.3	1260	35	441.0
1109	16	177.5	1268	36	456.6
1117	17	189.9	1277	37	472.5
1124	18	202.3	1286	38	488.5
1132	19	215.1	1294	39	504.7
1139	20	227.9	1303	40	521.1

续表

密度（20℃）/（kg/m³）	H_2SO_4浓度/%	H_2SO_4浓度/（g/l）	密度（20℃）/（kg/m³）	H_2SO_4浓度/%	H_2SO_4浓度/（g/l）
1318	41	537.7	1509	61	920.6
1321	42	554.6	1520	62	942.4
1329	43	571.6	1531	63	964.5
1338	44	588.9	1542	64	986.9
1348	45	606.4	1553	65	1010
1357	46	624.2	1565	66	1033
1366	47	642.0	1576	67	1056
1376	48	660.5	1587	68	1079
1385	49	678.7	1599	69	1103
1395	50	697.5	1611	70	1127
1405	51	716.5	1622	71	1152
1415	52	735.8	1634	72	1176
1425	53	755.2	1646	73	1201
1435	54	774.9	1657	74	1226
1445	55	794.8	1669	75	1252
1456	56	815.2	1681	76	1278
1466	57	835.7	1693	77	1303
1477	58	856.7	1704	78	1329
1488	59	877.6	1716	79	1355
1498	60	898.8	1727	80	1382

续表

密度（20℃）/（kg/m^3）	H_2SO_4浓度/%	H_2SO_4浓度/（g/l）	密度（20℃）/（kg/m^3）	H_2SO_4浓度/%	H_2SO_4浓度/（g/l）
1738	81	1408	1819	91	1656
1749	82	1434	1824	92	1678
1759	83	1460	1828	93	1700
1769	84	1486	1831	94	1721
1779	85	1512	1834	95	1742
1787	86	1537	1837	96	1762
1795	87	1562	1840	97	1781
1802	88	1586	1843	98	1799
1809	89	1610	1846	99	1816
1814	90	1633	1849	100	1831

注:表中浓度指质量分数。

3. 20℃时苛性钠溶液的密度

密度（20℃）/（kg/m^3）	NaOH浓度/%	NaOH浓度/（g/l）	密度（20℃）/（kg/m^3）	NaOH浓度/%	NaOH浓度/（g/l）
1010	1	10.10	1076	7	75.31
1021	2	20.41	1087	8	86.95
1032	3	30.95	1098	9	98.81
1043	4	41.71	1109	10	110.9
1054	5	52.69	1131	12	135.7
1065	6	63.89	1153	14	161.4

续表

密度（20℃）/（kg/m³）	NaOH浓度/%	NaOH浓度/（g/l）	密度（20℃）/（kg/m³）	NaOH浓度/%	NaOH浓度/（g/l）
1175	16	188.0	1370	34	465.7
1197	18	215.5	1390	36	500.4
1219	20	243.8	1410	38	535.8
1241	22	273.0	1430	40	572.0
1263	24	303.0	1449	42	608.7
1285	26	334.0	1469	44	646.1
1306	28	365.8	1487	46	684.2
1328	30	398.4	1507	48	723.1
1349	32	431.7	1525	50	762.7

注：表中浓度指质量分数。

4. 饱和水蒸气性质

压力/MPa	温度/℃	1kg 蒸汽的体积/m³	1m³ 蒸汽的质量/kg	热焓/（kcal/kg）		蒸发潜热/（kcal/kg）
				液体	蒸汽	
0.10	99.1	1.725	0.5797	99.2	639.0	539.6
0.12	104.3	1.455	0.6873	104.4	640.7	536.3
0.14	108.7	1.259	0.7949	108.9	642.3	533.4
0.16	112.7	1.111	0.9001	112.9	643.8	530.8
0.18	116.3	0.995	1.005	116.6	645.1	528.5

续表

压力/MPa	温度/℃	1kg 蒸汽的体积/m^3	$1m^3$ 蒸汽的质量/kg	热焓/(kcal/kg)		蒸发潜热/(kcal/kg)
				液体	蒸汽	
0.2	119.6	0.902	1.109	119.9	646.3	526.4
0.3	132.9	0.6170	1.621	133.4	650.7	517.3
0.4	142.9	0.4709	2.124	143.7	653.9	510.2
0.5	151.1	0.3817	2.620	152.1	656.3	504.2
0.6	158.1	0.3222	3.104	159.4	659.3	499.9
0.7	164.2	0.2778	3.591	165.7	660.0	494.2
0.8	169.6	0.2448	4.085	171.4	661.2	489.8
0.9	174.5	0.2189	4.568	176.5	662.3	485.8
1	179.0	0.1980	5.051	181.3	663.3	482.1
1.1	183.2	0.1813	5.516	185.7	665.2	479.5
1.2	187.1	0.1668	5.996	189.8	665.9	476.1
1.3	190.7	0.1545	6.474	193.6	666.6	472.8
1.4	194.1	0.1438	6.952	197.3	667.0	469.7
1.5	197.4	0.1346	7.431	200.7	667.4	466.7
1.6	200.4	0.1264	7.909	204.0	667.8	463.8
1.7	203.4	0.1192	8.389	207.1	668.1	460.9
1.8	206.2	0.1128	8.868	210.1	668.3	458.2
1.9	208.8	0.1070	9.349	213.0	668.5	455.5
2.0	211.5	0.1017	9.83	215.8	668.7	452.9
3.0	232.8	0.06802	14.70	239.1	669.6	429.5

5. 水的物理特性

常压下水的物理特性

温度/℃	密度/(kg/m^3)	动力粘度/($10^{-4}Pa \cdot s$)	运动粘度/($10^{-7}m^2/s$)
-10	997.9	26.5	26.1
-5	999.1	21.8	21.4
0	999.8	18.29	17.94
1	999.9	17.66	17.32
2	999.9	17.07	16.74
3	1000.0	16.51	16.19
4	1000.0	15.99	15.68
5	1000.0	15.49	15.20
6	999.9	15.02	14.74
7	999.9	14.57	14.30
8	999.8	14.14	13.88
9	999.8	13.75	13.48
10	999.7	13.36	13.10
11	999.6	12.99	12.74
12	999.5	12.63	12.40
13	999.4	12.30	12.07
14	999.3	11.98	11.76
15	999.1	11.67	11.46
16	998.9	11.38	11.17
17	998.8	11.09	10.89
18	998.6	10.80	10.62
19	998.4	10.54	10.36
20	998.2	10.28	10.11
21	998.0	10.03	9.87
22	997.8	9.79	9.63
23	997.5	9.56	9.40
24	997.3	9.34	9.18
25	997.0	9.13	8.97
26	996.8	8.92	8.77
27	996.5	8.72	8.58
28	996.2	8.53	8.39

续表

温度/℃	密度/(kg/m^3)	动力粘度/($10^{-4} Pa \cdot s$)	运动粘度/($10^{-7} m^2/s$)
29	995.9	8.34	8.21
30	995.6	8.16	8.04
31	995.3	7.99	7.87
32	995.0	7.82	7.70
33	994.7	7.66	7.55
34	994.4	7.50	7.39
35	994.0	7.35	7.25
36	993.7	7.20	7.10
37	993.3	7.06	6.97
38	993.0	6.92	6.83
39	992.6	6.79	6.71
40	992.2	6.66	6.59
41	991.8	6.54	6.46
42	991.4	6.42	6.35
43	991.0	6.30	6.24
44	990.6	6.19	6.13
45	990.2	6.08	6.02
46	989.8	5.98	5.92
47	989.4	5.88	5.83
48	988.9	5.79	5.73
49	988.5	5.69	5.64
50	988.0	5.60	5.56
51	987.6	5.51	5.47
52	987.1	5.42	5.39
53	986.7	5.34	5.31
54	986.2	5.25	5.23
55	985.7	5.17	5.15
56	985.2	5.09	5.07
57	984.7	5.02	4.99
58	984.2	4.94	4.92
59	983.7	4.86	4.85

续表

温度/℃	密度/(kg/m³)	动力粘度/(10^{-4}Pa·s)	运动粘度/($10^{-7}m^2/s$)
60	983.2	4.79	4.78
61	982.7	4.72	4.71
62	982.2	4.65	4.64
63	981.6	4.59	4.58
64	981.1	4.51	4.52
65	980.6	4.46	4.46
66	980.0	4.39	4.40
67	979.5	4.33	4.34
68	978.9	4.27	4.28
69	978.4	4.21	4.22
70	977.8	4.15	4.16
71	977.2	4.10	4.11
72	976.6	4.05	4.06
73	976.0	3.99	4.01
74	975.5	3.94	3.96
75	974.9	3.88	3.91
76	974.3	3.83	3.86
77	973.7	3.78	3.81
78	973.0	3.73	3.76
79	972.4	3.69	3.71
80	971.8	3.64	3.67
81	971.2	3.60	3.63
82	970.5	3.55	3.59
83	969.9	3.51	3.55
84	969.3	3.47	3.51
85	968.6	3.43	3.47
86	968.0	3.39	3.43
87	967.3	3.34	3.39
88	966.7	3.30	3.35
89	966.0	3.26	3.31
90	965.3	3.23	3.27

续表

温度/℃	密度/(kg/m^3)	动力粘度/($10^{-4}Pa\cdot s$)	运动粘度/($10^{-7}m^2/s$)
91	964.6	3.19	3.23
92	964.0	3.16	3.20
93	963.3	3.12	3.17
94	962.6	3.09	3.14
95	961.9	3.05	3.11
96	961.2	3.02	3.08
97	960.5	2.98	3.05
98	959.8	2.96	3.02
99	959.1	2.93	2.99
100	958.4	2.90	2.96

参考文献

1. 丁成伟主编．离心泵与轴流泵．北京:机械工业出版社,1981.
2. 〔日本〕泵图集分科会编,关醒凡译．泵图集．北京:机械工业出版社,1976
3. 〔美〕IJ 卡拉西克等编著,关醒凡译．泵手册．北京:机械工业出版社,1983
4. 北京水泵厂编．离心泵．北京:机械工业出版社,1976
5. 华中工学院水机教研组编．轴流泵．北京:机械工业出版社,1976
6. 朱锡成等编．齿轮螺杆式液压泵及马达．北京:机械工业出版社,1988
7. 马大谋编．炼油设备基础知识．北京:烃加工出版社,1986
8. 杨诗成等编．离心泵结构与部件．北京:水利电力出版社,1990
9. 夏国华原编,陆良福改编．炼油过程与设备(上、下册合订本),1988
10. 刘得雨编．水泵技术问答．北京:水利电力出版社．1979
11. 王世厚编．泵和压缩机(下册)．北京:烃加工出版社,1989
12. 刘绍叶等编．泵与原动机选用手册．北京:中国石化出版社,1991
13. 李景忠编．炼油厂机器与维护修理．北京:烃加工出版社,1990
14. 阎洁编．水力学和泵(初级本)．北京:烃加工出版社,1988
15. 黄希贤编．泵操作与维修技术问答．北京:中国石化出版社,1995